Hans-Peter Götz

Physik

POCKET TEACHER

Download: PowerPoint-Referat

1. Rufe die Internetseite auf:
   www.cornelsen.de/pocket-teacher
2. Gib den Webcode ein: **PT227792**

Cornelsen
SCRIPTOR

Der Autor:
Hans-Peter Götz unterrichtet Physik und Mathematik an einem Gymnasium. Er hat an Cornelsen-Lehrbüchern über Physik mitgearbeitet.

Für die neue Ausgabe wurde der Band vollständig aktualisiert und erweitert.

www.cornelsen.de

Bibliografische Information: Die Deutsche Bibliothek verzeichnet diese Publikation in der Deutschen Nationalbibliografie; detaillierte bibliografische Daten sind im Internet über http://dnb.ddb.de abrufbar.

Dieses Werk berücksichtigt die Regeln der deutschen Rechtschreibung, die seit August 2006 gelten.

5. 4. 3. 2. 1. Die letzten Ziffern bezeichnen
13 12 11 10 09 Zahl und Jahr der Auflage.

Projektleitung: Anja Sokoll, Berlin
Redaktion: Stefan Giertzsch, Berlin
Redaktionelle Neubearbeitung: Matthias Franzke, Berlin
Reihengestaltung: Magdalene Krumbeck, Wuppertal
Satz und Layout: Lennart Fischer und Torsten Lemme, Berlin
Herstellung: Uwe Pahnke, Berlin
Sachzeichnungen: Klaus Becker, Frankfurt am Main;
Stefan Giertzsch und R. J. Fischer, Berlin
Umschlagentwurf: Patricia Müller und R. J. Fischer, Berlin
Druck und Bindearbeiten: CPI – Clausen & Bosse, Leck
Printed in Germany
ISBN 978-3-589-22779-2

Gedruckt auf säurefreiem Papier,
umweltschonend hergestellt aus chlorfrei gebleichten Faserstoffen.

Inhalt

Vorwort

Liebe Schülerin, lieber Schüler!
Dieser handliche POCKET TEACHER bringt dir viele Vorteile: Er informiert knapp und genau. Regeln, Erklärungen, Beispiele, Tabellen – alles ist übersichtlich geordnet und leicht verständlich.
Du kannst die gewünschten Infos am schnellsten über das Stichwortverzeichnis am Ende jedes Bandes finden. – Stichwort vergessen? Dann schaue am besten ins Inhaltsverzeichnis und suche im entsprechenden Kapitel nach dem Wort!

Der POCKET TEACHER Physik behandelt die wichtigsten Gesetze, Regeln und Fachbegriffe der Physik, die zum Stoff der Sekundarstufe I gehören. Die Darstellung dreht sich keineswegs nur um Formeln. Anhand ganz alltäglicher Beispiele merkst du, wie nützlich die Physik ist: ein Kompass durch unsere hochtechnisierte Welt!

Teste dein Wissen! Am Ende jedes Kapitels werden die wichtigsten Inhalte in einer Checkliste abgefragt. So kannst du dein Wissen schnell testen. Entdeckst du noch Lücken, dann gibt es hier Hinweise, welche Seiten du noch einmal genau lesen solltest.

Natürlich kann die POCKET-TEACHER-Reihe ausführliche Schulbücher mit Übungen und Beispielen nicht ersetzen. Das soll sie auch nicht. Sie ist deine kleine Merkhilfe-Bibliothek für alle Gelegenheiten, besonders für Hausaufgaben oder für die Vorbereitung auf Klassenarbeiten. Und zudem ist der POCKET TEACHER bestens zur Vorbereitung auf Abschlussprüfungen geeignet.

1 Mechanik der festen Körper

1.1 Körper in der Physik

Alle Gegenstände, die ein Physiker untersucht, nennt er – ganz allgemein – ***Körper***. Es interessieren ihn gewisse Eigenschaften der Körper, wie z. B. ihre Form, ihre Gewichtskraft, ihre Oberflächenbeschaffenheit oder ihre elektrische Leitfähigkeit, aber auch das Zusammenwirken mit anderen Körpern.

Eine erste, grobe Einteilung der physikalischen Körper kann nach 3 Gruppen erfolgen (vgl. POCKET TEACHER Chemie, S. 9):

- ***Feste Körper***, wie beispielsweise Gegenstände aus Holz oder Metall, haben eine bestimmte Gestalt und in der Regel auch ein gleichbleibendes Volumen. Gestalt und Rauminhalt kann man bei diesen Körpern meist nur mit großen Kräften ändern. Der Grund für diese Eigenschaften liegt darin, dass ihre kleinsten Bestandteile, die Moleküle oder Atome, dicht gepackt sind und durch starke Kräfte zusammengehalten werden.
- ***Flüssige Körper*** passen ihre Gestalt der jeweiligen Form des Gefäßes an und bilden eine waagrechte Oberfläche. Auch bei ihnen sind die Atome dicht gepackt, sie lassen sich jedoch leicht gegeneinander verschieben, wobei sich das Volumen ebenfalls nicht ändert.
- Bei den ***Gasen*** kann man dagegen Gestalt und Volumen leicht verändern. Gase haben das Bestreben, jeden Raum, der sich ihnen bietet, gleichmäßig auszufüllen. Diese Eigenschaft hat zur Folge, dass bei dieser Gruppe physikalischer Körper zwischen den Atomen – sie sind die Materie der Gase – große leere Räume bestehen.

Viele Stoffe, wie z. B. Wasser, kennt man in allen 3 Formen: als festen Körper (Eis), als Flüssigkeit und im gasförmigen Zustand (Wasserdampf). Lässt sich ein Stoff schmelzen und/oder verdampfen, so spricht man von den verschiedenen ***Aggregatzuständen*** eines Stoffes: Diese sind fest, flüssig, gasförmig.

1.2 Grundgrößen der Mechanik und davon abgeleitete Größen

Die Physik ist eine exakte Wissenschaft und beschäftigt sich deshalb vorwiegend mit den messbaren Eigenschaften ihrer Objekte. Diese werden als *physikalische Größen* bezeichnet und bekommen meist einen (kursiv gedruckten) Buchstaben als abkürzendes Symbol.
Einige Symbole kommen auch im Mathematikunterricht vor, wie z. B. l für Länge (gelegentlich auch s für Streckenlänge), A für Flächeninhalt und V für Volumen.

Länge und Zeit

Die physikalische Größe ***Länge*** ist eine *Grundgröße*. Es gibt kein Naturgesetz, das uns vorschreibt, wie wir die Länge einer Strecke zu messen haben. Wir müssen deshalb ein geeignetes Messverfahren selbst (er)finden, und auch die ***Längeneinheit*** kann von uns frei gewählt werden.
Das Meter (1 m) wurde um 1800 in vielen europäischen Ländern eingeführt und wird als sogenanntes *Urmeter*, symbolisiert durch einen Edelmetallstab, in Paris aufbewahrt. 1 m sollte ursprünglich der 40-millionste Teil des Erdumfangs sein. Seit 1983 ist 1 m diejenige Streckenlänge, die das Licht im Vakuum in $\frac{1}{299\,792\,458}$ Sekunden zurücklegt.
Auch die ***Zeit*** ist eine Grundgröße. Ihre Einheit, die Sekunde (1 s), ist heute ebenfalls über eine Lichteigenschaft festgelegt: über die Dauer einer großen Anzahl (über 9 Milliarden) von Schwingungen einer Strahlung aus dem Cäsium-Atom.

Ursprünglich war 1 s der 86 400ste Teil der Dauer einer mittleren Tageslänge, die ihrerseits durch die Dauer einer Drehung der Erde um ihre Achse bestimmt war.

Geschwindigkeit und Beschleunigung

Auf diese Grundgrößen (weitere werden noch folgen) und ihre Einheiten werden die sogenannten ***abgeleiteten Größen*** zurückgeführt:

> Fährt ein Fahrzeug so, dass es für gleich große Streckenabschnitte Δs gleich große Zeitspannen Δt benötigt (oder umgekehrt: legt es in gleichen Zeitabschnitten immer gleich große Strecken zurück), so ist der Quotient $\frac{\Delta s}{\Delta t}$ stets gleich groß; er wird als **Geschwindigkeit** bezeichnet und mit v abgekürzt.
>
> *Geschwindigkeit* = $\frac{\text{(Strecken-)Länge}}{\text{Zeit}}$, kurz: $v = \frac{\Delta s}{\Delta t}$.
>
> Die Einheit der Geschwindigkeit ist $1\ \frac{\text{m}}{\text{s}}$.

Bei der oben beschriebenen Bewegungsart ist die Geschwindigkeit gleichbleibend (es ist v = konstant), sie wird als eine ***gleichförmige Bewegung*** bezeichnet.
Da bei der gleichförmigen Bewegung eines Fahrzeugs der zurückgelegte Weg proportional zur Zeit anwächst, kann man sehr leicht die Wegstrecke berechnen – wenn die Geschwindigkeit bekannt ist; es gilt $s = v \cdot t$.
In dieser einfachen Form des *Weg-Zeit-Gesetzes* wird allerdings vorausgesetzt, dass zum Zeitpunkt $t = 0\,\text{m}$ auch $s = 0\,\text{s}$ ist (d. h., dass Zeit- und Wegnullpunkte zusammenfallen).
Die Schaubilder gleichförmiger Bewegungen sind in einem t-s-Koordinatensystem (Rechtsachse: t; Hochachse: s) Ursprungsgeraden, wobei an der Steigung die Geschwindigkeit abgelesen werden kann: je größer die Steigung, desto größer die Geschwindigkeit v.
Nimmt bei einer Bewegung in gleichen Zeitabständen die Geschwindigkeit um den gleichen Betrag zu (oder ab), so heißt

die Bewegung ***gleichmäßig beschleunigt*** (bzw. ***gleichmäßig verzögert***).
Unter der Beschleunigung a versteht man den Quotienten aus der Geschwindigkeits*änderung* Δv und der Zeitspanne Δt, in der diese stattfindet:

$$a = \frac{\Delta v}{\Delta t}.$$

Mit dem Δ-Zeichen (ausgesprochen: Delta) wird in der Physik die Differenz zweier Werte derselben Größe bezeichnet.
So bedeutet $\Delta t = t_2 - t_1$ die Differenz zweier Zeitpunkte t_1 und t_2, eine Zeitspanne.

BEISPIEL Wenn ein Auto seine Geschwindigkeit beim Anfahren in jeder Sekunde um $2\,\frac{\text{m}}{\text{s}}$ steigert, so kann man kurz sagen, seine Beschleunigung beträgt: $a = \frac{2\,\frac{\text{m}}{\text{s}}}{1\,\text{s}}$ oder mathematisch gleichwertig: $a = 2\,\frac{\text{m}}{\text{s}^2}$.
Eine „Quadratsekunde“ gibt es nicht; der Ausdruck s^2 ist lediglich eine symbolische Schreibweise für das Produkt s mal s.

Der Umgang mit Messgrößen

Jede Messung ergibt eine *Maßzahl*, die aber erst einen Sinn bekommt, wenn die *Maßeinheit* folgt.

MERKE Physikalische Größe = Maßzahl · Maßeinheit.
$l = 5 \cdot 1\,\text{m} = 5\,\text{m} = 50\,\text{dm} = 500\,\text{cm}$.

Eine physikalische Größe ändert sich nicht, wenn man eine andere Maßeinheit wählt; so ist die Länge einer Strecke von der gewählten Maßeinheit unabhängig.
Um einprägsame Ergebnisse zu erhalten (und um Nullen zu vermeiden), verwendet man in der Physik vorzugsweise 10er-Potenzen bei den Maßzahlen oder Vorsilben (bzw. deren Abkürzung) vor den Einheiten (↗ Umschlag).

BEISPIEL $l = 5\,200\,\text{m} = 5{,}2 \cdot 10^3\,\text{m} = 5{,}2\,\text{km}$ (Kilometer);
$t = 0{,}000\,002\,\text{s} = 2 \cdot 10^{-6}\,\text{s} = 2\,\mu\text{s}$ (Mikrosekunden).

1.3 Körper wirken durch Kraft aufeinander ein

Wenn zwei Körper (oder mehrere) aufeinander einwirken, so nennt man diese Wechselwirkung in der Physik ***Kraft***. Oder man sagt: Die Körper üben Kräfte aufeinander aus.

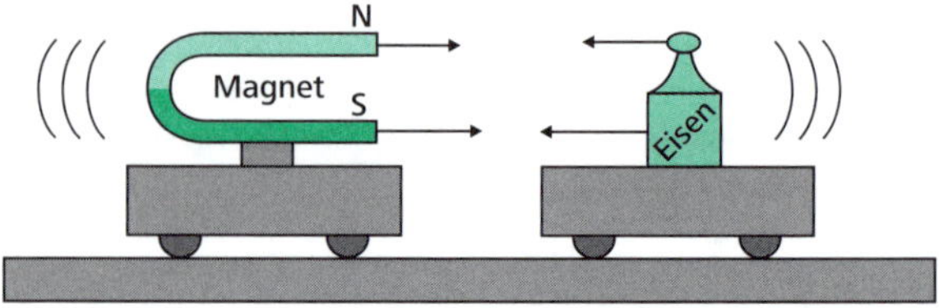

Wenn in der Physik von Kräften die Rede ist, sind stets mehrere Körper im Spiel (mindestens 2), auch wenn manchmal zunächst nur ein Körper erkannt wird. Man vermeidet in der Physik, einem einzelnen Körper Kraft zuzuschreiben. Ein Magnet, aber auch ein „kräftiger" Mensch, kann nur Kräfte zeigen, wenn ein weiterer Körper mitwirkt.

Wie man Kräfte erkennt

- War ein Körper zuvor in Ruhe, kann er durch Kraft in Bewegung gebracht werden.
- War ein Körper bereits in Bewegung, so kann durch Kraft seine Geschwindigkeit vergrößert oder verkleinert werden; man sagt deshalb auch, Kräfte beschleunigen Körper.
- Kräfte können auch die Bewegungs*richtung* ändern (ohne gleichzeitig den Betrag der Geschwindigkeit zu ändern). So wird beispielsweise der Mond durch die Anziehungskraft der Erde auf eine Kreisbahn gezwungen, ohne dass sich dabei der Betrag seiner Geschwindigkeit ändert.

Diese drei Punkte kann man kurz zusammenfassen:

> Der Bewegungszustand eines Körpers wird durch Kraft verändert.

- Wirken auf einen Körper von 2 Seiten gleich große Kräfte ein oder ist er mit einem weiteren Körper starr verbunden, so wird er durch eine Kraft nicht beschleunigt, jedoch *verformt.*

BEISPIEL Wenn man einen Gummiball fest mit beiden Händen hält, wird er etwas verformt, doch noch nicht beschleunigt.

Körper, die sich bei der Einwirkung einer Kraft verformen, ihre ursprüngliche Gestalt jedoch wieder annehmen, wenn die Kraft weggenommen wird (wie bei einem Gummiball), sind aus einem Stoff, der *elastische* Eigenschaften besitzt. Gerade besonders „harte" Materialien, wie Eisen (Federstahl!), erweisen sich als elastisch. Körper, bei denen die Verformung jedoch bleibt oder nur teilweise zurückgeht, zeigen *plastische* Eigenschaften.

MERKE Kräfte erkennt man nur an ihren Wirkungen:
- Verformung eines Körpers
- Beschleunigung eines Körpers
- Änderung der Bewegungsrichtung

Raumsonden fliegen heute mit großer Geschwindigkeit *antriebslos* und damit ohne beschleunigende Krafteinwirkung durchs Weltall. Für die Aufrechterhaltung einer bestimmten Geschwindigkeit ist also *keine ständige Krafteinwirkung* nötig.
Diese Erkenntnis war für die Mechanik von fundamentaler Bedeutung und wird heute als *Beharrungsgesetz* oder ***Trägheitsgesetz*** bezeichnet:

> **Jeder Körper beharrt in seinem augenblicklichen Bewegungszustand, wenn er nicht durch Kräfte gezwungen wird, dies zu ändern.**

Wenn auf einen Körper *keine* Kraft einwirkt, verbleibt er im Zustand der Ruhe – wenn er schon in Ruhe ist. Oder er bewegt sich geradlinig mit gleichbleibender Geschwindigkeit weiter – wenn er schon in Bewegung ist.

Wovon die Wirkung einer Kraft abhängt

Die Wirkung einer Kraft hängt in der Regel von 3 Gegebenheiten ab:

- Von der „Stärke" der Kraft; man spricht in der Physik vom *Betrag* der Kraft.

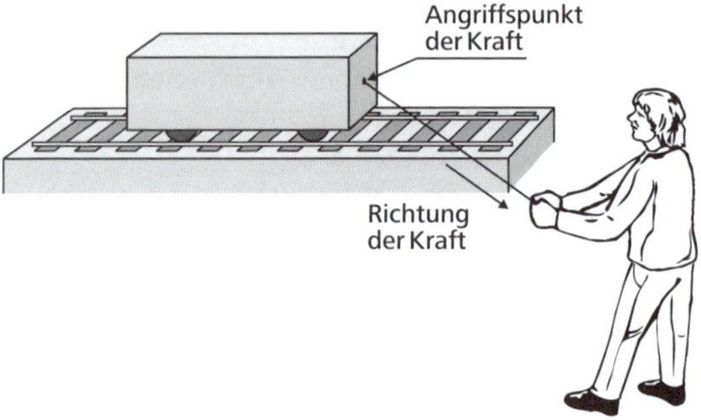

- Von der *Richtung* der Kraft. Wenn man einen Wagen, der auf Schienen läuft, mit einer Kraft beschleunigt, deren Richtung schräg zu den Schienen wirkt, hat man viel weniger Erfolg, als wenn man mit einem gleich großen Kraftbetrag parallel zu den Schienen zieht.
- Vom *Angriffspunkt* der Kraft. Wenn man eine schwere Kiste umstürzen will, geht es viel besser, wenn der Angriffspunkt der Kraft möglichst weit vom Drehpunkt entfernt ist.

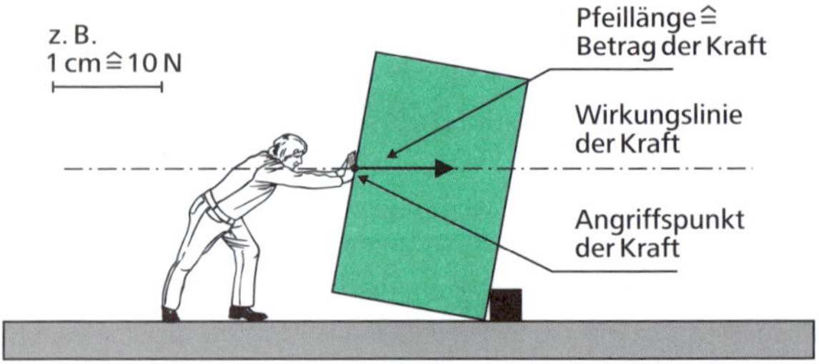

Diese 3 Eigenschaften werden in Skizzen durch einen ***Kraftpfeil*** symbolisiert (Größen, die man durch Pfeile symbolisch darstellen kann, nennt man auch *Vektorgrößen*): Angriffspunkt und Kraftrichtung werden durch den Anfangspunkt und die Pfeilspitze gekennzeichnet. Die Länge des gezeichneten Pfeiles ist ein Maß für den Betrag der Kraft; z. B. kann 1 cm Pfeillänge 10 Newton (Krafteinheit, ↗ S. 15 unten) an Kraft bedeuten. (Der verwendete Kraftmaßstab ist willkürlich wählbar, muss jedoch in einer Skizze einheitlich verwendet werden.)

Die verformende Wirkung einer Kraft hängt zudem von weiteren Körper- oder Stoffeigenschaften ab, wie beispielsweise von der Elastizität.

Wie man Kräfte misst

Da man Kräfte nur an ihren Wirkungen erkennt, müssen für ein Messverfahren ihre Wirkungen herangezogen werden. Dabei wird in der Schule (zunächst) meist ein statisches Verfahren gewählt, das auf der Verformung eines Körpers beruht – der Dehnung einer Feder.

Die Einheit der Kraft heißt 1 **Newton** (abgekürzt: N), benannt nach dem Engländer *Isaac Newton* (1643–1707). Die Krafteinheit 1 N kann (näherungsweise) auf die folgende Weise gewonnen werden: Eine Tafel Schokolade (mit Verpackung) besitzt ungefähr 102 g Masse, sie wiegt dann 1 Newton. Wenn man sie in der Hand hält, muss die Armmuskulatur eine Kraft von 1 N aufbringen.

Die exakte Definition der Krafteinheit ist über eine Bewegung festgelegt worden:

Eine Kraft hat den Betrag 1 N, wenn sie die Geschwindigkeit eines Körpers von 1 kg Masse in 1 Sekunde um $1\,\frac{\text{m}}{\text{s}}$ zu steigern vermag oder kurz: wenn sie ihm eine Beschleunigung von $a = 1\,\frac{\text{m}}{\text{s}^2}$ erteilt.

Diese Definition hat den Vorteil, dass sie ortsunabhängig ist. Sie würde sogar in einem künftigen Weltraumlabor anwendbar sein, wo keine Gewichtskräfte existieren. Als abkürzenden Buchsta-

ben für die Größe Kraft wird *F* verwendet, also z. B. $F = 5{,}6\,\mathrm{N}$.
In der Schule verwendet man als Messgerät für Kräfte sogenannte Federkraftmesser, bei denen eine Kraft eine Metallfeder verformt. Das Ausmaß dieser Einwirkung, der Grad der Verformung, wird auf einer *Newton-Skala* angezeigt.

Die Gewichtskraft wirkt überall

Eine allgegenwärtige Kraft ist die ***Gewichtskraft***. Die Erde und auch die anderen Planeten üben auf jeden Körper in ihrer Umgebung eine anziehende Kraft aus. Man spricht von Massenanziehungskraft, Gravitationskraft, Schwerkraft; meist sagt man jedoch: Körper erfahren an der Erdoberfläche eine Gewichtskraft.

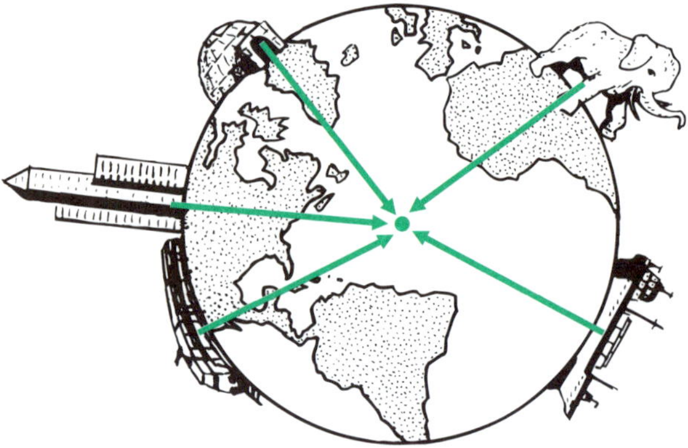

Die Gewichtskraft zeigt stets in Richtung Erdmittelpunkt. Wir bezeichnen diese Richtung an jedem Ort der Erdoberfläche als *lotrecht* oder *senkrecht*.
Der Betrag der Gewichtskraft, die ein Körper auf der Erde erfährt, hängt ab:

- von Eigenschaften der Erde: a) von der Materie unter unseren Füßen, b) von der Entfernung zum Erdmittelpunkt und damit vom Ort, an dem wir uns befinden;

- von einer Eigenschaft des Körpers, die als Masse bezeichnet wird.

Die Masse eines Körpers

Jeder physikalische Körper hat ***Masse***, sie wird in Kilogramm (kg) gemessen und mit dem Buchstaben *m* abgekürzt. 1 kg ist festgelegt als die Masse eines bestimmten Körpers, eines *Urkilogramms*, ursprünglich 1 l Wasser. Dieses Urkilogramm ist heute ein kleiner Edelmetallkörper, der in Paris aufbewahrt wird – er hätte aber auch an jedem anderen Ort, ja selbst auf dem Mond oder auf einem Planeten, die Masse 1 kg. Seine Gewichtskraft ist dagegen ortsabhängig, sie beträgt in Paris $F_G = 9{,}81\,\mathrm{N} \approx 10\,\mathrm{N}$.
Eine Kopie des beschriebenen Urkilogramms wird in der Physikalisch-Technischen Bundesanstalt in Braunschweig aufbewahrt.
Die Größe „Masse“ beschreibt eigentlich die Eigenschaft, wie stark sich ein Körper gegen die beschleunigende Wirkung einer Kraft „wehrt“, und wird deshalb auch als *Trägheit* oder *Beharrungsvermögen* bezeichnet.

BEACHTE Versuche haben gezeigt: Je träger ein Körper ist (= je größer seine Masse ist), desto größer ist auch die Gewichtskraft, die er erfährt.

Als Messgerät für Massen benutzt man meist eine ***Balkenwaage*** (mit 2 Schalen). Sie vergleicht jeweils die Gewichtskräfte auf die Körper in ihren Waagschalen am *gleichen Ort*. Da die Gewichtskraft F_G, die ein Körper erfährt, zu seiner Masse *m* proportional anwächst, ist der Quotient $\frac{F_G}{m}$ für alle Körper an einem Ort gleich. An verschiedenen Orten gemessen ist jedoch der Zahlenwert dieses Quotienten verschieden. Er heißt deshalb ***Ortsfaktor*** (abgekürzt: *g*).
Für alle Orte in Europa gilt ein Ortsfaktor: $g = 9{,}81\,\frac{\mathrm{N}}{\mathrm{kg}}$; an den Polen der Erde $9{,}83\,\frac{\mathrm{N}}{\mathrm{kg}}$, am Äquator $9{,}78\,\frac{\mathrm{N}}{\mathrm{kg}}$. Auf unserem Mond ist der Ortsfaktor rund 6-mal kleiner: $g = 1{,}6\,\frac{\mathrm{N}}{\mathrm{kg}}$.

Nur deshalb konnten die Astronauten ihre Tornister von 84 kg Masse auf dem Rücken tragen. Alle Gegenstände – auch die Astronauten selbst – wiegen dort 6-mal weniger.

Mit der Kenntnis des Ortsfaktors g kann man die Gewichtskraft eines Körpers berechnen, wenn man seine Masse (mit der Balkenwaage) bestimmt hat und mit g multipliziert:

$F_G = m \cdot g$.

Oder umgekehrt: Hängt man einen Körper an einen Federkraftmesser, so zeigt dieser die Gewichtskraft an; dividiert man durch g, so erhält man die Masse des angehängten Körpers: $m = \frac{F_G}{g}$.

Kräfte wirken wechselseitig: Das Wechselwirkungsgesetz

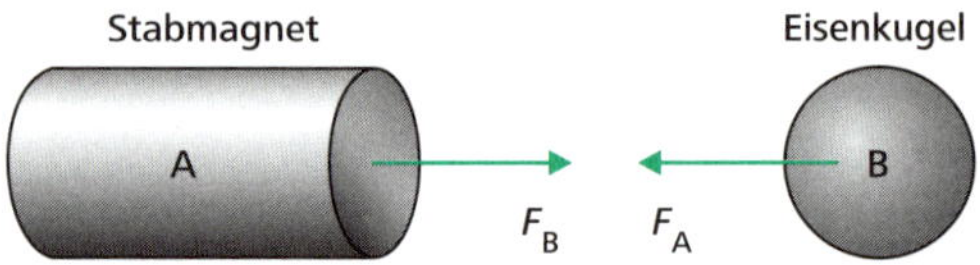

Wie bei dem einführenden Beispiel (↗ S. 12) schon erwähnt wurde, treten Kräfte nur bei einer Wechselwirkung von (mindestens) zwei Körpern auf und beide Körper üben dann Kräfte aufeinander aus. Dabei zeigt sich der folgende Erfahrungssatz:

Übt ein Körper A auf einen Körper B eine Kraft aus, so übt auch B auf A eine Kraft aus, und zwar vom selben Betrag, doch in entgegengesetzte Richtung.

Dieses Kräftepaar, das an zwei verschiedenen Körpern angreift, heißt *Wechselwirkungskräftepaar*.

MERKE Das Wechselwirkungsgesetz wird auch als *Prinzip von Kraft und Gegenkraft* oder als das *Prinzip von actio und reactio* bezeichnet.

Körper im Kräftegleichgewicht

Beim Tauziehen kommt es häufig zu einer Patt-Situation: Das Seil bewegt sich nicht. Es befindet sich im Kräftegleichgewicht, die Beträge der Kräfte jeder Mannschaft sind gleich groß. Da die Kräfte entgegengesetzte Richtungen haben, kompensieren sie sich gegenseitig. (Allerdings nur, was die Bewegung angeht; *im Seil* herrschen weiterhin Kräfte, die manchmal dazu führen, dass das Seil reißt!)

1

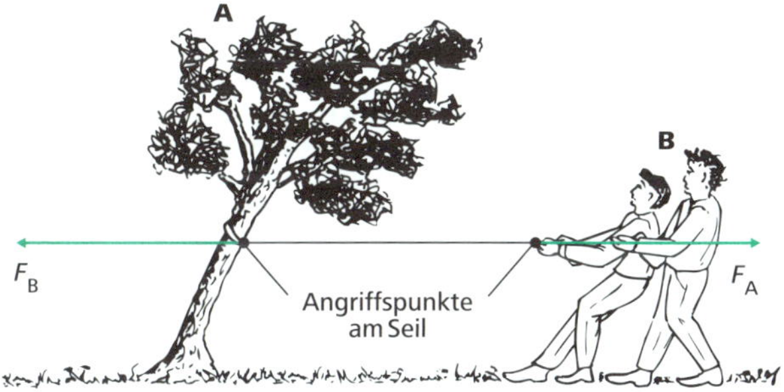

Aber auch wenn das eine Ende des Seils um einen Baumstamm geschlungen wird, kommt das Seil bald zum Stillstand. Der Baumstamm wird zur Seite gebogen (verformt) und entwickelt dadurch eine Kraft (aufgrund seiner Elastizität), die ebenfalls am Seil angreift.

Elastische Gegenkräfte treten sehr häufig auf und erklären auch, warum wir trotz der einwirkenden Gewichtskraft nicht ständig beschleunigt werden. Wenn wir in Ruhe auf einem Stuhl sitzen, dann haben wir die Sitzfläche so weit durchgebogen, bis ihre „Rückstellkraft“, die an unserer Sitzfläche angreift, denselben Betrag hat wie die ebenfalls auf uns einwirkende Gewichtskraft.

BEACHTE Greifen 2 Kräfte von gleichem Betrag, aber entgegengesetzter Richtung an einem Körper an, so ist der Körper im ***Kräftegleichgewicht*** (und verharrt in dem augenblicklichen Bewegungszustand). Dieses Kräftepaar wird als ***Gleichgewichtskräftepaar*** bezeichnet.

Wenn mehrere Kräfte an einem Körper angreifen

Greifen mehrere Kräfte gleichzeitig in beliebiger Weise an einem Körper an, so kann das sehr unterschiedliche Auswirkungen haben, je nach Betrag, Angriffspunkt und Kraftrichtung: Der Körper kann sich drehen (kippen), dehnen (verformen), er kann in Stücke gerissen werden oder beschleunigt werden.

Wir wollen hier nur vier Fälle von *zwei* Kräften diskutieren.

- **Fall 1:** Kräfte von gleichem Betrag, aber *entgegengesetzter* Richtung, greifen an 2 verschiedenen Punkten eines Körpers an: Ein frei beweglicher Körper wird sich zunächst drehen, bis die Kraftpfeile in einer gemeinsamen ***Wirkungslinie*** liegen.

MERKE Unter der Wirkungslinie einer Kraft versteht man eine Gerade (ohne Anfang und ohne Ende), in der der Kraftpfeil liegt.
In vielen Fällen kann man eine Kraft gedanklich entlang ihrer Wirkungslinie verschieben, ohne dass sich ihre Wirkung ändert.

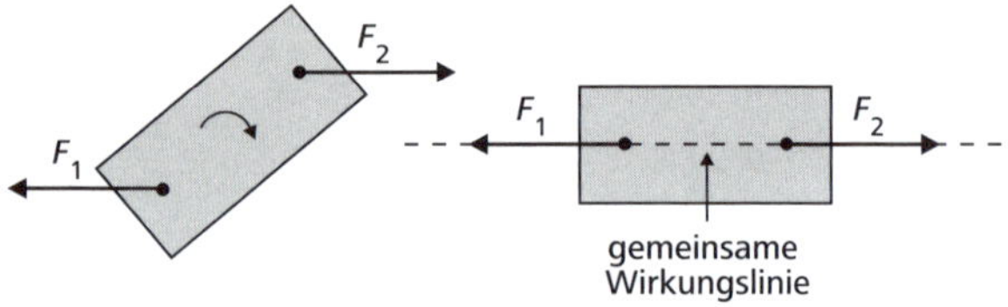

Dann ist der Körper im Kräftegleichgewicht (↗ S. 19) und wird sich allenfalls noch verformen. Ist die Verformung unmerklich klein oder ohne Interesse, werden häufig in Skizzen die Angriffspunkte der Kräfte entlang der Wirkungslinien zusammengeschoben, und es wird so getan, als ob alle Kräfte gemeinsam am gleichen Punkt des Körpers, dem Schwerpunkt, angreifen. So wird die Gewichtskraft (↗ S. 16) auf einen Körper stets als *ein* Pfeil eingetragen, obwohl in Wirklichkeit jedes Atom des Körpers eine Gewichtskraft erfährt.

- **Fall 2:** Kräfte in *gleicher Richtung* greifen an einem Körper an: Hier zeigen Experimente, dass man die gleiche Wirkung durch *eine* Kraft hervorbringen kann, die die gleiche Richtung hat, jedoch mit einem Betrag gleich der Summe der Beträge der einzelnen Kräfte: Man schreibt für diese *Ersatzkraft*:

  $F_E = F_1 + F_2.$

- **Fall 3:** Zwei Kräfte in *entgegengesetzter Richtung* greifen an einem Körper an: Hier gilt sinngemäß das Gleiche. Die Kräfte können durch *eine* Ersatzkraft ersetzt werden:

  $F_E = F_1 - F_2.$

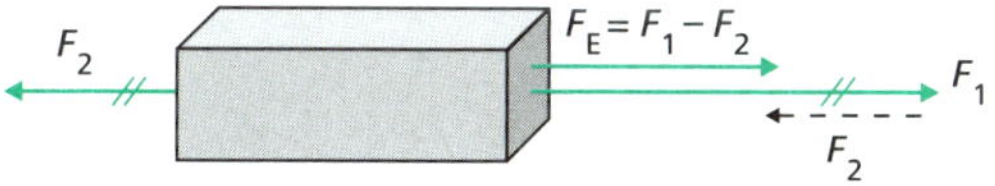

Ist $F_E > 0$, so hat F_E die Richtung von F_1. Ist dagegen F_2 die betragsmäßig größere Kraft, so zeigt auch F_E in Richtung von F_2.

- **Fall 4:** Zwei Kräfte greifen an einem Punkt eines Körpers an, ihre *Richtungen* sind *beliebig*:
  Auch hier kann man ihre Wirkungen durch *eine* Kraft ersetzen: Man findet den Betrag und die Richtung der Ersatzkraft durch die Konstruktion eines ***Kräfteparallelogramms***.
  Dazu konstruiert man aus den beiden Kräftepfeilen (einheitlichen Kräftemaßstab beachten!) ein Parallelogramm. Die Diagonale dieses Parallelogramms liefert den Pfeil der Ersatzkraft, die auch als *Resultierende* bezeichnet wird.

BEACHTE Es ist $F_E \neq F_1 + F_2$! (Beträge der Kräfte)

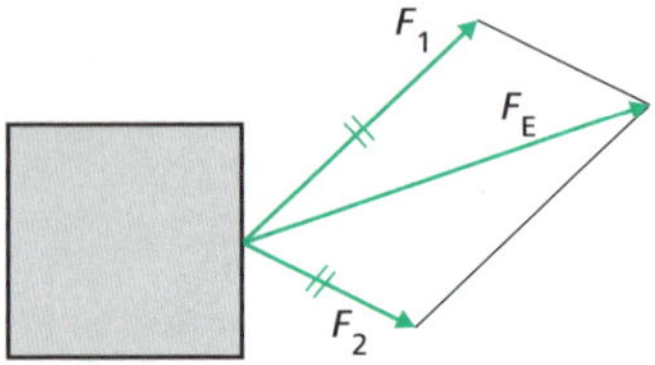

Die Kräftezerlegung

Die Konstruktion des Kräfteparallelogramms wird gelegentlich in umgekehrter Reihenfolge durchgeführt: Man spricht dann von einer ***Kräftezerlegung***. Man ersetzt eine (wirkliche) Kraft in Gedanken durch 2 Kräfte; viele Probleme der Mechanik lassen sich dadurch vereinfachen.

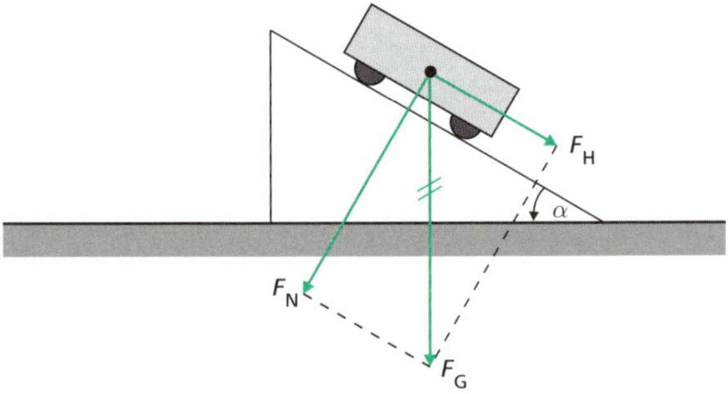

Da es zu *einer* Diagonalen unendlich viele verschiedene Parallelogramme gibt, ist die Zerlegung zunächst nicht eindeutig. Es müssen deshalb die Richtungen der Ersatzkräfte – man spricht in diesem Fall auch von 2 ***Komponenten*** einer Kraft (die dann die Seiten des Parallelogramms bestimmen) – vorgegeben sein. Aus physikalischen Gründen ergeben nur zwei rechtwinklig (orthogonal) zueinander stehende Richtungen einen Sinn, denn nur dann beeinflussen sich die beiden Ersatzkräfte gegenseitig nicht.

BEISPIEL Wie groß ist die beschleunigende Kraft, die ein (reibungsloser) Wagen auf einer geneigten Fahrbahn (schiefe Ebene) erfährt? (Zeichnerische Lösung für $F_G = 5\,\text{kg} \cdot 9{,}81\,\frac{\text{N}}{\text{kg}} \approx 50\,\text{N}$; $\alpha = 30°$)

Überlegungen und Konstruktionsfolge: Eine beschleunigende Kraft hat die Richtung parallel zur Fahrbahn (in Fahrtrichtung). Da jedoch die Gewichtskraft die einzige wirklich einwirkende Kraft ist und stets lotrecht wirkt, muss eine Komponente von ihr die beschleunigende Wirkung hervorrufen. Zeichne in einer (sonst nicht maßstäblichen) Skizze mit dem Steigungswinkel $\alpha = 30°$ den Kraftpfeil der Gewichtskraft ein (z. B. 5 cm lang) und konstruiere ein Parallelogramm, das den Gewichtskraftpfeil als Diagonale enthält. (Das Parallelogramm wird in diesem Fall zu einem Rechteck.) An der zur Fahrtrichtung parallelen Seite des Rechtecks kann man den Betrag der gesuchten Kraft ablesen (etwa 25 N), die man als ***Hangabtriebskraft*** bezeichnet. Eine weitere Komponente (ca. 43 N) sorgt dafür, dass der Wagen nicht abhebt. Sie wird als ***Normalkraft*** bezeichnet. In diesem Fall gilt die einfache Kraftbetragsaddition $F_E = F_1 + F_2$ nicht!

1.4 Proportionalitäten als Kenngrößen

Es ist ein häufiger Fall in der Physik, dass zwei Größen voneinander abhängen. So ist die Gewichtskraft eines Körpers proportional zu seiner Masse. Wenn 2 Größen zueinander proportional sind, so ist der Quotient eines jeden Wertepaares gleich.
Konstante Quotienten haben in der Physik eine große Bedeutung und erhalten meist einen eigenen Namen. Im Folgenden werden einige weitere wichtige Quotienten vorgestellt:

Die Dichte ϱ eines Stoffes

Misst man den Rauminhalt und die Masse von Gegenständen, so stellt man fest, dass bei Körpern, die aus einem einheitlichen

Material bestehen (und auch keine Hohlräume im Innern haben), Masse und Rauminhalt zueinander proportional sind. Eine solche Stoffbeschaffenheit nennt man *homogen*. Führt man Versuche mit Körpern aus unterschiedlichen, homogenen Stoffen durch, so ist für jeden Stoff der Quotient $\frac{m}{V}$ gleich, jedoch für unterschiedliche Materialien verschieden. Der Quotient aus Masse und Volumen $\frac{m}{V}$ kann deshalb als *ein* Kennzeichen des Stoffes (unter weiteren) angesehen werden. Man bezeichnet ihn als ***Dichte***; er erhält als Abkürzung den griechischen Buchstaben ϱ („Rho"). Die Dichte $\varrho = \frac{m}{V}$ kennzeichnet also nicht den jeweiligen Körper, sondern die Stoffart, aus der er besteht.
Die verwendeten Einheiten sind $\frac{\text{g}}{\text{cm}^3}$ oder $\frac{\text{kg}}{\text{dm}^3}$; ausnahmsweise bei Gasen auch $\frac{\text{g}}{\text{dm}^3}$.
Die Dichte von Wasser beträgt $\varrho = 1\,\frac{\text{g}}{\text{cm}^3} = 1\,\frac{\text{kg}}{\text{dm}^3} = 1\,\frac{\text{kg}}{\text{l}}$.

Die Federkonstante *D*

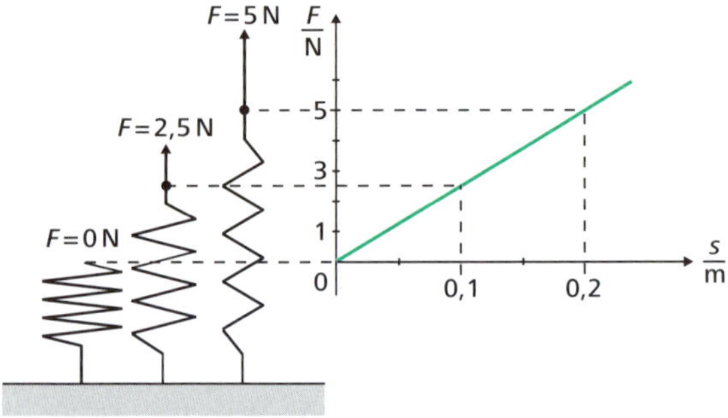

> **Bei vielen Federn findet man eine Proportionalität zwischen der Verlängerung *s* und der angreifenden Kraft: $s \sim F$.**
> **Sie wird nach ihrem Entdecker *Hooke'sches Gesetz* genannt.**

Das ***Hooke'sche Gesetz*** ist jedoch kein allgemein gültiges *Naturgesetz*! Jede Feder lässt sich überdehnen und geht dann nicht mehr in ihre Ursprungslänge zurück. Bei *Hooke'schen Federn* ist der Quotient $\frac{F}{s}$ von zusammengehörenden Wertepaaren gleich. Verschiedene Federn unterscheiden sich jedoch durch den Wert dieses Quotienten. „Harte" Federn haben gegenüber weicheren Federn einen größeren Quotienten; man nennt ihn ***Federkonstante** D* oder Richtgröße.

Kennt man den *D*-Wert einer Feder, so kann man für jede Kraft innerhalb des Gültigkeitsbereichs der Hooke'schen Beziehung die Verlängerung berechnen:

$$s = \frac{F}{D}$$

oder die Kraft berechnen, die nötig ist, um eine bestimmte Verlängerung zu erzielen:

$$F = D \cdot s.$$

BEISPIEL Eine Feder von $D = 25\,\frac{\text{N}}{\text{m}}$ wird durch eine Kraft $F = 5\,\text{N}$ um $s = \frac{5\,\text{N}}{25\,\frac{\text{N}}{\text{m}}} = 0{,}2\,\text{m}$ verlängert. Um bei dieser Feder eine Verlängerung von $s = 50\,\text{cm}$ zu erreichen, wird eine Kraft $F = 25\,\frac{\text{N}}{\text{m}} \cdot 0{,}50\,\text{m} = 12{,}5\,\text{N}$ benötigt.

1.5 Ein Kraftverstärker: Der Hebel

Da die menschliche Muskelkraft sehr sehr begrenzt ist, haben sich unsere Vorfahren schon sehr früh sinnreiche Geräte ausgedacht, die ihre Kräfte verstärkten. Derartige Geräte kann man als Werkzeuge oder als *einfache Maschinen* bezeichnen.

Wenn wir eine Zange, eine Pinzette oder einen Nussknacker benutzen, gebrauchen wir Werkzeuge, die unsere Kräfte mehrfach vergrößern: Sie beruhen auf dem *Hebelprinzip*.

Alle Hebel besitzen eine Drehachse. Je nach Lage der Drehachse unterscheidet man *einseitige Hebel* (wie Pinzetten, Brechstangen, Schraubenschlüssel) und *zweiseitige Hebel* (wie Zangen, Scheren).

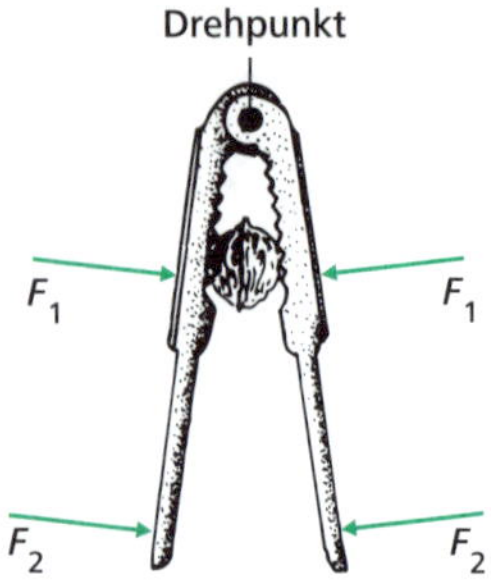

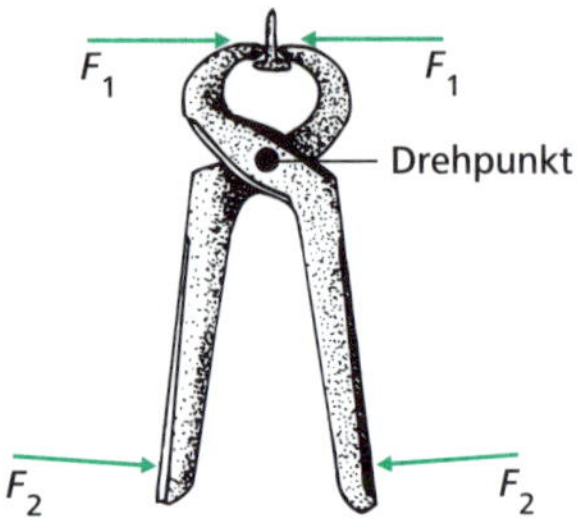

Allen Anwendungen von Hebeln ist gemeinsam, dass zwei Kräfte einwirken und ein Gleichgewichtszustand erreicht wird, obwohl die Beträge der beiden Kräfte in der Regel sehr unterschiedlich groß sind.
Entscheidend für die Stärke der Einwirkung ist – neben den Beträgen der Kräfte – der sogenannte ***Hebelarm***. Als Hebelarm bezeichnet man den jeweiligen Abstand a der Wirkungslinie der Kraft (↗ S. 20) zur Drehachse.
Der Hebelarm ist also eine konstruierte Strecke, die oft nicht mit dem wirklichen Arm eines Hebels übereinstimmt. Er wird manchmal auch als *Kraftarm* bezeichnet. Beachte, dass der so definierte Hebelarm stets orthogonal zur Wirkungslinie der Kraft ist.

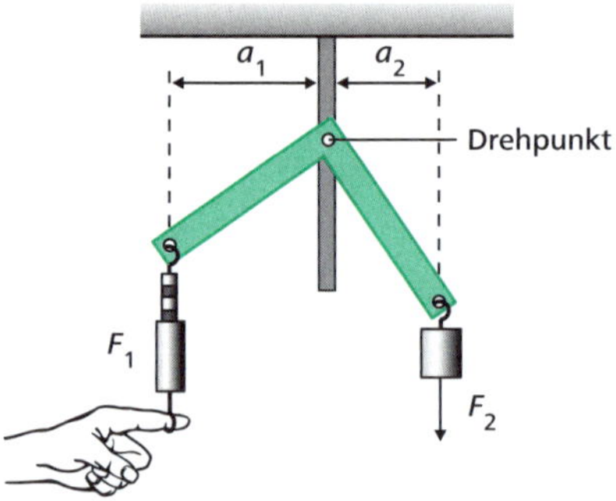

> Mit diesen Hebelarmen findet man für den Gleichgewichtszustand an einem Hebel das *Hebelgesetz*:
>
> $F_1 \cdot a_1 = F_2 \cdot a_2$.

Das Produkt von Kraftbetrag und zugehörigem Hebelarm gibt die Drehwirkung einer Kraft an, sie wird als ***Drehmoment*** bezeichnet; der Pfeil über $\overset{\curvearrowright}{M}$ kennzeichnet den Drehsinn:

$$\overset{\curvearrowright}{M} = F \cdot a.$$

Die Einheit des Drehmoments ist: 1 Nm (Newtonmeter). Mit dieser Abkürzung wird das Hebelgesetz vereinfacht:

$$\overset{\curvearrowright}{M}_1 = \overset{\curvearrowleft}{M}_2.$$

An einem Hebel herrscht (Drehmoment-)Gleichgewicht, wenn das linksdrehende Drehmoment gleich dem rechtsdrehenden Drehmoment ist.

An vielen Maschinen, wie Kränen und Baggern, sind Hebel die entscheidenden Konstruktionsteile, aber auch bei Rädern (Tretkurbel am Fahrrad) und Getrieben sind „versteckte“ Hebel im Einsatz.
Aus der Drehmomentgleichheit $\overset{\curvearrowright}{M}_1 = \overset{\curvearrowleft}{M}_2$ folgt, dass sich bei verschieden großen Hebelarmen $a_1 \neq a_2$ die Beträge von Kräften verändern; Techniker sprechen von Kraftwandlern.

1.6 Auch Arbeit in der Physik fällt schwer

Viele Geräte – wie die schon bekannten Hebel – sind erdacht worden, um die täglich anfallenden Arbeiten zu erleichtern. Diese Kraftwandler verringern den erforderlichen Kraftaufwand auf Kosten eines größeren Wegs.
Durch diese Wechselbeziehung entstand der physikalische Arbeitsbegriff:

Arbeit **(im physikalischen Sinn) wird verrichtet, wenn auf einen Körper längs seines Weges eine Kraft in Wegrichtung wirkt.**
Ist diese Voraussetzung gegeben und ist der Betrag der Kraft in Wegrichtung F_s auf dem ganzen Weg s konstant, so beträgt die Arbeit:

$$W = F_s \cdot s.$$

Die Arbeit wird in Nm (Newtonmeter) gemessen. Die Einheit der Arbeit nennt man auch 1 J (1 Joule, ausgesprochen: dschu:l): 1 Nm = 1 J.

MERKE Nicht in allen Fällen sehen Physiker Tätigkeiten, die uns ins Schwitzen bringen, als Arbeit an! Geistesarbeit, wie z. B. die Erledigung der Hausaufgaben oder nur das Halten der schweren Schulmappe in der Hand, ohne sie weiter zu bewegen, erfordert keine physikalische Arbeit.

Für spezielle Arbeiten hat man besondere Namen:

- Beim Hochheben wird ***Hubarbeit*** verrichtet. Da die erforderliche Kraft in diesem Fall den gleichen Betrag hat wie die Gewichtskraft (wir wollen die Körper dabei nicht noch zusätzlich beschleunigen), wird die Definitionsgleichung für die Arbeit häufig in einer angepassten Form benutzt:

  $$W = F_s \cdot s = F_G \cdot h = m \cdot g \cdot h.$$

  (h statt s, da der Weg in die Höhe geht – die Gewichtskraft ist ersetzt durch das Produkt von Masse (↗ S. 17) und Ortsfaktor.)

BEISPIEL Wenn ein Schüler mit einer Körpermasse von $m = 45\,\text{kg}$ morgens in das $h = 8\,\text{m}$ höher gelegene Klassenzimmer geht, wird dabei die Hubarbeit $W = 45\,\text{kg} \cdot 9{,}81\,\frac{\text{N}}{\text{kg}} \cdot 8\,\text{m} = 3532\,\text{J}$ verrichtet. Dabei spielt der eigentliche Weg keine Rolle! Die Hubarbeit ist stets gleich, ob er eine Treppe hochsteigt, an einem Tau hochklettert oder ob er einen Fahrstuhl benutzt.

- Werden elastische Körper gedehnt, so spricht man von ***Spannarbeit***. Die Berechnung der Spannarbeit kann einem Arbeitsdiagramm (↗ S. 30) entnommen werden.
- Wenn eine Kraft den Geschwindigkeitsbetrag eines Körpers vergrößert, wird ***Beschleunigungsarbeit*** verrichtet. Sie ist eine weitere Arbeitsform. Die erforderliche Arbeit wächst dabei mit dem Quadrat der Geschwindigkeit an.
- Bei Bewegungen mit Reibung wird ***Reibungsarbeit*** verrichtet.
- Beim Verformen von Körpern (durch Kraft) wird ***Verformungsarbeit*** verrichtet. Sie ist in der Regel nicht berechenbar.

Wenn eine Kraft senkrecht (orthogonal) zur Wegrichtung wirkt, wird keine Arbeit verrichtet. So wirkt die Anziehungskraft der Erde auf unseren Mond stets rechtwinklig (orthogonal) zu seiner Bewegungsrichtung; es wird jedoch keine Arbeit verrichtet und deshalb kann der Mond dadurch auch nicht den *Betrag* seiner Geschwindigkeit erhöhen.

Das Arbeitsdiagramm

Um sich ein „Bild davon zu machen", wie groß eine Arbeit ist, zeichnet man ein ***Arbeitsdiagramm***. In einem s-F-Schaubild ist die schraffierte Fläche ein Maß für die Arbeit, jeder cm^2 der schraffierten Fläche bedeutet eine bestimmte Anzahl an Joule.
Dies gilt ganz allgemein. Damit können auch Arbeiten berechnet werden, bei denen die Kraft nicht konstant ist. Dazu muss der Achsenmaßstab beachtet werden. Im gezeichneten Beispiel beträgt die Arbeit

$$W = 4\,\text{N} \cdot 10\,\text{m} + \frac{1}{2} \cdot 10\,\text{N} \cdot 8\,\text{m} = 40\,\text{J} + 40\,\text{J} = 80\,\text{J}.$$

Jeder cm^2 bedeutet eine Arbeit von $2\,\text{N} \cdot 1\,\text{m} = 2\,\text{J}$.

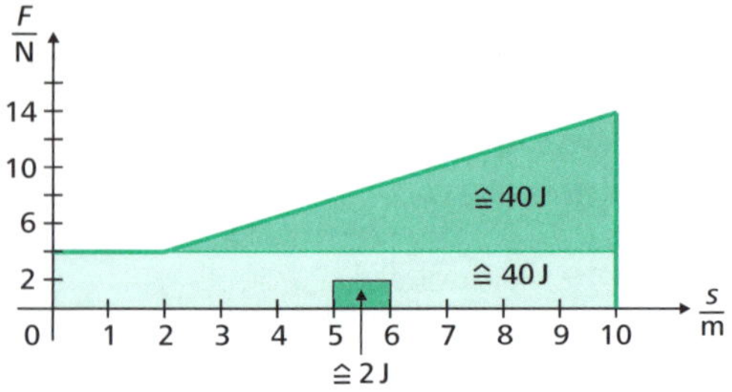

Kann man Arbeit einsparen?

Heute besitzen fast alle Fahrräder eine Gangschaltung. Wenn man an eine Steigung kommt, kann man wählen, ob man in den „Berggang“ zurückschaltet oder ob man weiterhin versucht, im „Schnellgang“ die Steigung zu nehmen.

Im Berggang geht es leichter, man kann mit kleinerem Krafteinsatz fahren, dafür muss sich die Tretkurbel öfter drehen; der Weg, den die Füße mit den Pedalen zurücklegen, wird dadurch größer. Im Schnellgang wäre dieser Weg kleiner, jedoch müsste man beim Treten eine wesentlich größere Kraft aufbringen.

In beiden Fällen ist die verrichtete Arbeit $W = F_s \cdot s$ gleich. Man findet diesen sich wechselseitig bedingenden Zusammenhang von Kraft und Wegstrecke bei allen Werkzeugen oder einfachen Maschinen und drückt ihn in der ***Goldenen Regel der Mechanik*** aus:

> Wenn man durch eine Vorrichtung Kraft spart, muss man eine größere Wegstrecke zurücklegen und umgekehrt. Das Produkt aus Kraft(betrag) und Weg(strecke) ist immer gleich, das heißt auch: Es gibt keine Maschine, mit der man die Arbeit verringern kann.

Einfache Maschinen erleichtern die Arbeit

Maschinen *erleichtern* uns jedoch häufig die Arbeit, weil wir mit einem geringeren Kraftaufwand etwas bewirken können.

- ***Seile und Stangen***
  Seile und Stangen werden eingesetzt, wenn man den Angriffspunkt (↗ S. 14) einer Kraft verändern will (ohne den Betrag der Kraft zu ändern).
- ***Seile und Rollen***
  Mit einem Seil, das über eine ***feste Rolle*** läuft, kann man den Angriffspunkt und zugleich die Richtung einer Kraft verändern. (Der Betrag der Kraft bleibt gleich.)

1

Gelegentlich sieht man eine Transportvorrichtung mit einer ***losen Rolle***. Sie hat die gleichen Vorzüge wie eine feste Rolle, halbiert jedoch die benötigte Zugkraft. Die Gewichtskraft der Last teilt sich jetzt auf 2 Seilstücke gleichmäßig auf.
Kombiniert man mehrere lose und feste Rollen, kann man den Kraftaufwand noch weiter verringern. Meist werden die Rollen in zwei Gruppen zusammengefasst, die man *Flaschen* nennt. Es gibt ***Flaschenzüge*** mit unterschiedlich vielen Rollen und unterschiedlich vielen Seilstücken dazwischen.
Wird die Gewichtskraft F_G gleichmäßig auf n Seilstücke verteilt, so kann man (theoretisch) mit einem Kraftbetrag vom n-ten Teil der Gewichtskraft die Last emporziehen. Man muss dabei jedoch die losen Rollen mit nach oben befördern.
Um eine Last die Streckenlänge h anzuheben, muss man dann das Seilende $s = n \cdot h$ weit ziehen, die Arbeit bleibt stets gleich.

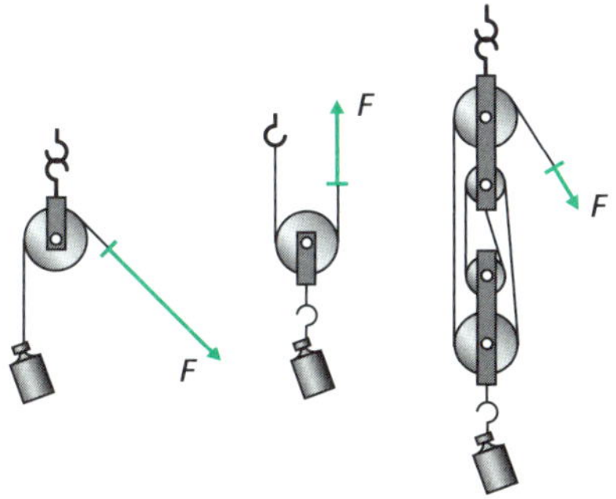

1.7 Wenn das Arbeitstempo entscheidend ist: Leistung

Bei jedem größeren Bau wird heute ein Kran eingesetzt. Er hebt sehr schwere Lasten empor, aber er leistet auch mehr. Er verrichtet die gleiche Arbeit in kürzerer Zeit, als dies ein Arbeiter könnte. Das „Arbeitstempo" des Krans ist größer. In der Physik wird ein „Arbeitstempo" als ***Leistung*** bezeichnet. Sie ist definiert als Quotient aus Arbeit W und Zeit t:

$$P = \frac{W}{t}.$$

(Der Quotient $\frac{W}{t}$ gibt die durchschnittliche Leistung an, wenn während der Zeit t nicht gleichmäßig gearbeitet wird.)

Aus dieser Definition ergibt sich die Einheit: $1\,\frac{\text{Nm}}{\text{s}} = 1\,\frac{\text{J}}{\text{s}}$.

Die Leistung von 1 Joule je Sekunde wird auch als 1 Watt bezeichnet: $1\,\frac{\text{J}}{\text{s}} = 1\,\text{W}$.

BEACHTE 1 kWh (Kilowattstunde) = 1 kW · 1 h = 1000 W · 3600 s = 3,6 MJ (Megajoule) ist eine Einheit der *Energie*! Elektrische Energie wird meist in kWh gemessen, die *Leistung* von Motoren meist in kW (Kilowatt).

BEISPIEL Wenn im Prospekt für einen Mittelklasse-PKW die Leistung mit $P = 60\,\text{kW}$ angeführt ist, dann kann der Motor bei Vollgas in jeder Sekunde eine Arbeit $W = P \cdot t = 60\,000\,\text{J}$ verrichten. Bei einer Masse von $m = 1200\,\text{kg}$ (Gewichtskraft $F_G = m \cdot g \approx 12\,\text{kN}$) wäre das Auto (theoretisch) in der Lage, eine Passhöhe von $h = 120\,\text{m}$ in der Zeit $t = \frac{F_G \cdot h}{P} = 24\,\text{s}$ zu erklimmen.

Wenn man von Leistung spricht, spielt meist die Geschwindigkeit eine Rolle; eine Umwandlung der Definitionsgleichung zeigt den direkten Zusammenhang deutlicher:

$$P = \frac{W}{t} = \frac{F \cdot s}{t} = F \cdot \frac{s}{t} = F \cdot v.$$

1.8 Mechanische Energie wird übertragen

Kein Motor arbeitet ohne Treibstoff, aber auch die „Maschine Mensch“ benötigt beim Sport oder bei schwerer Arbeit mehr Nahrung. In Treibstoffen und Nahrungsmitteln ist Energie enthalten (die allerdings erst bei einer Verbrennung mit dem Sauerstoff der Luft verwertbar wird). Zu jeder Arbeit ist ***Energie*** nötig. Die Energie ist eine Größe, die man weder sehen noch fühlen kann, die jedoch in verschiedenen Formen auftritt:

- in Form von chemischer Energie in Benzin, Öl, Erdgas, Kohle, in unseren Nahrungsmitteln,
- in Form von innerer Energie (↗ S. 54) in jedem Körper,
- in Form von elektrischer Energie oder Strahlungsenergie (Licht),
- in Form von mechanischer Energie als Bewegungsenergie, Lageenergie oder Spannenergie,
- als Kernenergie bei der Spaltung von Atomkernen.

Diese Energieformen kann man ineinander umwandeln. Man kann Energie speichern, man kann sie transportieren; man kann Energie kaufen, mit ihr handeln und – heute besonders wichtig – man kann sie verschwenden.

Fließendes Wasser und bewegte Luftmassen (Wind) besitzen ***Bewegungsenergie (kinetische Energie)***, mit der man Turbinen oder Windräder antreiben und Arbeit verrichten lassen kann. Pumpt ein Windrad Wasser aus einem Brunnen, so wird Hubarbeit verrichtet. Wird das hochgepumpte Wasser in einem „Hochbehälter“ aufgefangen, kann es seinerseits wieder Arbeit verrichten, wenn man es auf eine tiefer liegende Turbine fließen lässt. Im Hochbehälter kann man das Wasser speichern.
Damit speichert man auch das „Arbeitsvermögen“ des Wassers; man spricht von ***Lageenergie***, ***Höhenenergie*** oder ***potentieller Energie***. Da bei jeder Arbeit Energie von einem Körper auf einen anderen Körper übertragen wird, werden Energie und Arbeit in derselben Einheit gemessen: 1 Nm = 1 J.

BEISPIEL Verrichtet ein Kran, beladen mit Dachziegeln, 6000 J Hubarbeit, so gibt ein Körper 6000 J ab – in diesem Fall ein Brennstoff (eventuell durch Verbrennung in einem Kraftwerk, falls der Kran mit einem Elektromotor angetrieben wird). Ein anderer Körper nimmt 6000 J Energie auf. In diesem Fall haben die auf dem Dach angekommenen Ziegel nun 6000 J Höhenenergie, die sie – z. B. beim Herunterfallen – wieder freisetzen könnten. Bei dieser Hubarbeit werden also 6 kJ Energie übertragen.

Arbeitsvorgänge in der Mechanik sind immer mit einer Bewegung verbunden und bei Bewegungen lässt sich Reibung niemals vollständig vermeiden. Daher tritt bei jeder Arbeit auch Reibungsarbeit auf. Dies führt zu einer meist unerwünschten Erwärmung der Gleitflächen oder der Radlager. Ein Teil der Energie wird dabei in innere Energie (↗ S. 54) verwandelt, die sich dann in der umgebenden Luft verteilt. Sie ist für die (eigentlich erwünschte) Nutzarbeit verloren. – Aus diesem Grund kann es keine Maschine geben, die ohne Energiezufuhr ständig weiter läuft; die Konstruktion einer solchen Maschine, die man auch als ***Perpetuum mobile*** bezeichnen würde, ist unmöglich.
Bei jeder Energieumwandlung geht ein Teil als thermische Energie (Wärme) an die Umgebung über.
Unsere sogenannten Kraftwerke sind großtechnische Energiewandler, die beispielsweise aus chemisch gebundener Energie (Kohle, Erdöl, Erdgas, Kernenergie) über den „Umweg“ Heißdampf letztlich elektrische Energie produzieren. Sieht man das Endprodukt „Strom“ als Nutzenergie an, so sind dies bestenfalls noch 30 % der anfänglich eingesetzten Primärenergie – oder anders ausgedrückt: 70 % gehen auf dem Weg der Umwandlungskette als sogenannte Abwärme über die Kühlanlagen an die umgebende Luft oder an vorbeifließende Gewässer.

Physikalisch gesehen bleibt zwar die Summe aller Energien mengenmäßig gleich, doch ist die im Kühlmittel abgeführte Energie nicht mehr zu gebrauchen, sie hat keinen Wert mehr für uns:

Man spricht deshalb von einer ***Energieentwertung***. (Die im Kühlmittel abgeführte Energie hat ein zu geringes Temperaturniveau. Wollte man dem Kühlmittel die Energie entziehen, müsste man ein Temperaturgefälle erzeugen, d. h. eine noch kältere Stelle besitzen, der die Energie zufließen könnte.)

Energieentwertungen lassen sich bei Umwandlungen *prinzipiell* nicht vollständig vermeiden, man kann jedoch versuchen, sie zu vermindern.
Das Problem in unserer Zeit (und in der der nachfolgenden Generationen) ist nicht ein Mangel an Energie allgemein, sondern ein Mangel an *hochwertiger* Energie.

Um den Prozess der ständigen Energieentwertung wenigstens zu verlangsamen, sollten wir mit Energie sparsam umgehen.

Teste dein Wissen!

Kapitel „Mechanik der festen Körper“	**O. K. ✓**	**Das muss ich noch mal lesen**
Ich kann *Geschwindigkeit* und *Beschleunigung* eines Fahrzeugs unterscheiden und kenne ihre Einheiten.		S. 10
Ich weiß, woran man *physikalische Kräfte* erkennt, wovon ihre Wirkungen abhängen und wie man diese durch Pfeilsymbole kennzeichnet.		S. 12–15
Ich kann den Unterschied zwischen der *Masse* eines Körpers und der auf ihn wirkenden *Gewichtskraft* benennen.		S. 16, 17
Ich kann ein Beispiel für ein *Wechselwirkungs-Kräftepaar* und eines für ein *Gleichgewichts-Kräftepaar* anführen.		S. 18, 19
Ich kann das zeichnerische Verfahren für das Vorgehen, wenn mehrere Kräfte an einem Körper angreifen, erklären (*Kräfteparallelogramm*).		S. 19–23
Ich weiß, wovon die Dichte eines Körpers abhängt.		S. 23–24
Ich kann das *Hooke'sche Gesetz* für elastische Federn und seine Grenzen erklären.		S. 24, 25
Ich kenne die Voraussetzungen für eine physikalische *Arbeit* und kann mehrere Formen einer mechanischen *Arbeit* benennen.		S. 27–30
Ich kenne die *Goldene Regel der Mechanik*.		S. 30
Ich kann erklären, was man unter *Leistung* in der Mechanik versteht.		S. 32
Ich kann einige Formen *mechanischer Energien* beschreiben und kann begründen, warum es kein Perpetuum Mobile geben kann.		S. 33–35

Mechanik der Flüssigkeiten

Wenn man auf eine Flüssigkeit eine Kraft ausüben möchte, z. B. mit der Fingerspitze auf die Oberfläche von Wasser in einem Gefäß tippt, weicht die Flüssigkeit aus. Bei Flüssigkeiten haften die Moleküle mit sehr schwachen Kräften aneinander, sie sind sehr leicht gegeneinander verschiebbar. Die Wirkungen einer Kraft, wie wir sie bei festen Körpern (↗ S. 8) kennen, sind nicht auf Flüssigkeiten übertragbar.

2.1 Der Stempeldruck

Zahnpastatuben sehen nach längerem Gebrauch „zerdrückt" aus. Wen dies stört, der kann durch Aufrollen des Tubenendes versuchen, die Dellen einigermaßen wieder zu glätten. Durch das Aufrollen gerät die Flüssigkeit in der Tube in einen Zustand, in dem sie auf jedes Flächenstück ihrer Umhüllung eine Kraft ausübt.

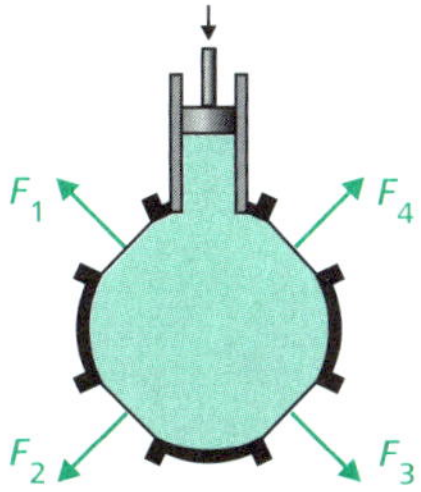

Wenn man eine Flüssigkeit vollständig in ein Gefäß einschließt (z. B. in einen Kolbenprober) und versucht, mit einer Kraft auf den Kolben das Volumen der Flüssigkeit zu verringern, dann gerät die Flüssigkeit in einen „Spannungszustand", den man ***Druck*** nennt.

Ob eine Flüssigkeit unter Druck steht, kann man *nur* daran erkennen, dass sie auf jede begrenzende Fläche zu einem anderen Körper eine Kraft ausübt. Diese Kraft auf eine Begrenzungsfläche ist immer senkrecht (orthogonal) zu der Fläche. Verbindet man einige Kolbenprober mit unterschiedlich großen Querschnittsflächen A miteinander und legt man Wägestücke auf, so erreicht man ein Kräftegleichgewicht an jedem Kolben, wenn der Quotient aus der Kraft F, die auf die Flüssigkeit ausgeübt wird, und der Fläche A des Kolbens für jeden Kolbenprober gleich ist:

$$\frac{F_1}{A_1} = \frac{F_2}{A_2} = \frac{F_3}{A_3}.$$

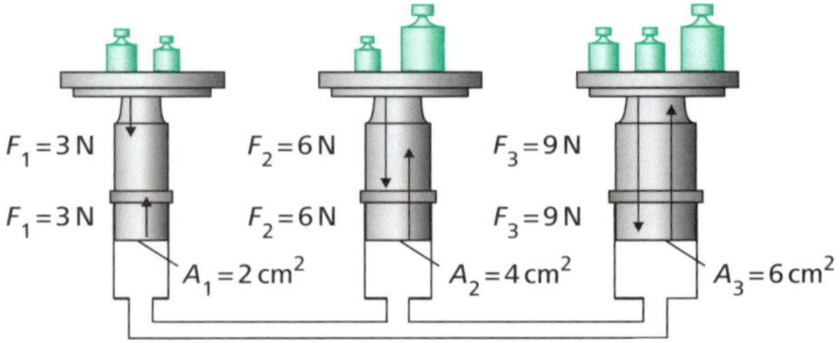

Man begründet dies dadurch, dass der ***(Stempel-)Druck*** in einer Flüssigkeit überall gleich groß ist.

Als Maß für den Druck definiert man den Quotienten: $p = \frac{F}{A}$.
Die Einheit des Drucks ist 1 Pascal (1 Pa). Es ist 1 Pa = $1 \frac{N}{m^2}$.

MERKE In einer Flüssigkeit herrscht ein Druck von 1 Pa, wenn sie auf jede Grenzfläche von 1 m^2 Flächeninhalt eine Kraft von 1 N ausübt. Ein Druck von 1 Pa ist recht klein; Drücke werden deshalb oft in Hektopascal (hPa) oder in Bar (bar) angegeben. (Eine veraltete Druckeinheit ist die Atmosphäre (at): 1 at = 0,981 bar ≈ 1 bar.)

Es sind: 1 hPa (Hektopascal) = 100 Pa = 100 $\frac{N}{m^2}$,
1 bar = 100 000 Pa = 100 kPa,
1 hPa = 1 mbar (Millibar).

Messgeräte für Druck werden als ***Manometer*** bezeichnet. Sie messen eigentlich die (Druck-)Kraft auf eine bestimmte Fläche.

Hydraulische Pressen und Heber

Hebebühnen in Autowerkstätten, aber auch einfache Wagenheber, arbeiten oft „hydraulisch".
Die Autos werden durch einen Kolben nach oben bewegt, in dem sich eine Flüssigkeit (meist Öl) unter Druck befindet. Die Kraft, die der Kolben ausüben kann, ist nach $F = p \cdot A$ der Kolbenfläche A sowie dem Druck p proportional, d. h., bei einem bestimmten Druck p kann durch die Wahl der Fläche A (fast) jede beliebig große Kraft erzeugt werden.

BEISPIEL Hat der Kolben bei einem Wagenheber eine hundertmal größere Querschnittsfläche als die Fläche an der Handpumpe, so kann ich meine Kraft verhundertfachen. Um ein Auto der Gewichtskraft 15 000 N anzuheben, muss man also eine Kraft von nur 150 N aufbringen (allerdings dafür viele Pumpstöße durchführen, um das Auto einige Zentimeter anzuheben).
Bei vielen Maschinen (Kränen, Baggern, Blechpressen) werden nach diesem Prinzip außerordentlich große Kräfte erzeugt, ebenso bei der Fußbremse des Autos. Auch bei der „Servolenkung" wird die Kraft auf die Vorderräder zuvor durch einen hydraulischen Kraftverstärker vervielfacht.

2.2 Der Schweredruck

Beim Tauchen kann man gelegentlich einen „Druck auf den Ohren" verspüren. Es sind dies Druckkräfte, die auf unser Trommelfell einwirken und Schmerzen verursachen können. Im Wasser (und in jeder anderen Flüssigkeit) steigt der Druck mit zunehmender Tiefe an. Dieser Druck wird nach seiner Herkunft als ***Schweredruck*** bezeichnet. In einer bestimmten Wassertiefe h übt die Gewichtskraft der darüberliegenden Wasserschicht eine Kraft aus – wie beim Stempeldruck –, nur dass hier keine Trennfläche sichtbar ist. Der Schweredruck hängt deshalb von der Gewichtskraft der Wassersäule ab, die man sich über einem horizontalen Flächenstück A vorstellen muss:

$$p = \frac{F_G}{A} = m \cdot \frac{g}{A} = \varrho \cdot V \cdot \frac{g}{A} = \varrho \cdot A \cdot h \cdot \frac{g}{A} = \varrho \cdot g \cdot h.$$

Der Schweredruck p in einer Flüssigkeit ist proportional zur Tiefe h, denn der Ortsfaktor g und die Dichte ϱ sind praktisch konstant, sie hängen nicht von der Tiefe ab.

Der Schweredruck $p = \varrho \cdot g \cdot h$ hat in jeder Gefäßform in der Tiefe h den gleichen Wert.

In 10 m Wassertiefe herrscht ein Druck $p = 1\,\frac{\text{kg}}{\text{dm}^3} \cdot 9{,}81\,\frac{\text{N}}{\text{kg}} \cdot 100\,\text{dm} = 981\,\frac{\text{N}}{\text{dm}^2} = 98\,100\,\frac{\text{N}}{\text{m}^2} \approx 100\,\text{kPa} = 1\,\text{bar}$, und zwar gleichermaßen im Springerbecken eines Freibads wie in einem großen See. Im Meer ist in dieser Tiefe der Druck etwas höher, aber nur weil das Salzwasser eine etwas größere Dichte hat als Süßwasser. In der Tiefe lebende Fische haben sich diesem Druck angepasst.

Körper in Flüssigkeiten erfahren einen Auftrieb

Eine Folge des Schweredrucks ist, dass Körper, die in eine Flüssigkeit eintauchen, eine ***Auftriebskraft*** erfahren.

Infolge des Schweredrucks wirken auf einen eingetauchten Körper Kräfte, die senkrecht (orthogonal) zu seinen Begrenzungsflächen sind. Da der Schweredruck mit der Tiefe zunimmt, wirkt auf die Unterseite des Körpers eine größere Kraft F_2 nach oben als die auf seiner Oberseite nach unten wirkende Kraft F_1. Die Resultierende der beiden Kräfte ergibt die vertikal nach oben gerichtete Auftriebskraft:

$$F_A = F_2 - F_1 = p_2 \cdot A - p_1 \cdot A = A\,(p_2 - p_1).$$

Da der Schweredruck proportional zur Tiefe h zunimmt, ist

$$F_A = A\,(\varrho_{Fl} \cdot g \cdot h_2 - \varrho_{Fl} \cdot g \cdot h_1) = \varrho_{Fl} \cdot g \cdot A\,(h_2 - h_1).$$

Das Produkt $A\,(h_2 - h_1)$ ist aber das Volumen des Körpers oder – anders ausgedrückt – das Volumen, das der eingetauchte Körper in der Flüssigkeit „verdrängt".
Der gesamte Ausdruck $\varrho_{Fl} \cdot g \cdot A\,(h_2 - h_1)$ stellt damit die Gewichtskraft dieses Volumens dar und ist gleich der Auftriebskraft t:

$$F_A = h_{Fl} \cdot g \cdot A\,(h_2 - h_1) = h_{Fl} \cdot g \cdot V_{Körper} = F_{G,\,Fl}$$

Die Kräfte auf die Seitenflächen kompensieren sich gegenseitig und erzeugen daher keinen Auftrieb.

$$\begin{aligned} F_A &= F_2 - F_1 \\ &= p_2 \cdot A - p_1 \cdot A \\ &= A \cdot (p_2 - p_1) \\ &= \varrho_{Fl} \cdot g \cdot A \cdot (h_2 - h_1) \\ &= \varrho_{Fl} \cdot g \cdot V_{Körper} \\ &= F_{G,Fl} \end{aligned}$$

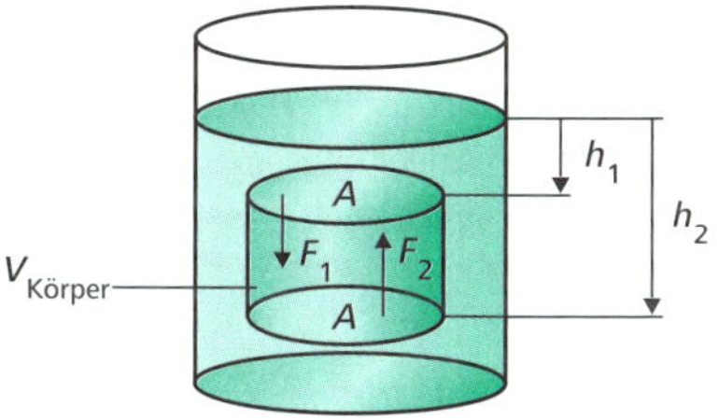

> Man kann zeigen, dass – völlig unabhängig von seiner Gestalt – ein jeder Körper, der in eine Flüssigkeit eintaucht, eine Auftriebskraft erfährt, deren Betrag so groß ist wie die *Gewichtskraft des Flüssigkeitsvolumens*, das er verdrängt ***(Satz des Archimedes)***.

BEISPIEL Ein völlig untergetauchter Körper von $V = 5\,\text{dm}^3$ Rauminhalt erfährt – unabhängig von seiner Form, unabhängig vom Material, aus dem er besteht, und unabhängig von der Wassertiefe und der Lage im Wasser – eine Auftriebskraft

$$F_A = F_{G,\,Fl} = m_{Fl} \cdot g = \varrho_{Fl} \cdot V_{Fl} \cdot g =$$
$$1\,\frac{\text{kg}}{\text{dm}^3} \cdot 5\,\text{dm}^3 \cdot 9{,}81\,\frac{\text{N}}{\text{kg}} = 49{,}1\,\text{N}.$$

Sinken, schweben, steigen, schwimmen

- Ein Körper sinkt in einer Flüssigkeit vollständig unter, wenn die Gewichtskraft einen größeren Betrag hat als die Auftriebskraft.
  Für einen homogenen Körper (↗ S. 23) ist dies der Fall, wenn die Dichte des Stoffes, aus dem er besteht, größer ist als die Dichte der Flüssigkeit: $\varrho_K > \varrho_{Fl}$.
- Ein Körper schwebt (bleibt in jeder Tiefe in Ruhe), wenn Auftriebskraft und Gewichtskraft ein Gleichgewichtskräftepaar (↗ S. 19) sind. In diesem Fall müssen die Dichten gleiche Werte haben: $\varrho_K = \varrho_{Fl}$.
- Ein untergetauchter Körper steigt nach oben, wenn die Auftriebskraft die größere Kraft ist: $F_A > F_G$, d. h., wenn seine Dichte kleiner ist als die Dichte der ihn umgebenden Flüssigkeit.
- Körper, die in einer Flüssigkeit aufsteigen, schwimmen dann an der Oberfläche, wobei ein Teil von ihnen untergetaucht bleibt. Sie tauchen mit einem Teil so weit ein, bis nach dem Satz von Archimedes ein Kräftegleichgewicht besteht, z. B. Eisberge zu etwa $\frac{6}{7}$ ihres Volumens.

Teste dein Wissen!

Kapitel „Mechanik der Flüssigkeiten“	O.K. ✓	Das muss ich noch mal lesen
Ich weiß, wie man eine vollständig eingeschlossene Flüssigkeit in einen *Druckzustand* versetzen kann.		S. 37
Ich kann ein Prinzip der Druckmessung in Flüssigkeit beschreiben und kenne einige Druckeinheiten.		S. 38, 39
Ich kann das Prinzip einer hydraulischen Presse oder eines Hebers erklären.		S. 39
Ich kann benennen, wovon der *Schweredruck* in einer Flüssigkeit abhängt.		S. 39, 40
Ich kann den *Satz des Archimedes* erklären.		S. 40, 41
Ich kann erklären warum ein Körper in einer Flüssigkeit sinkt, schwebt, steigt oder schwimmt.		S. 42

3 Mechanik der Gase

In gasförmigen Körpern sind zwischen den kleinen Bestandteilen große Zwischenräume. Selbst bei Zimmertemperatur haben die Moleküle oder Atome so große mittlere Geschwindigkeiten (↗ S. 49), dass das Gas jeden Raum und jede Gestalt annimmt, die sich ihm bieten. Es ist deshalb nicht verwunderlich, dass man bei eingesperrten Gasen schon mit kleinen Kräften das Volumen verändern kann; man sagt: Gase sind ***kompressibel*** (zusammendrückbar).

3.1 Eingeschlossene Gase sind „unter Druck"

Eingeschlossene Gase üben (aufgrund der ständigen Bewegung der Gasteilchen) auf die Wände eines Gefäßes Kräfte aus; in ihnen herrscht deshalb stets ein Druck, vergleichbar dem Stempeldruck (↗ S. 37) in Flüssigkeiten $p = \frac{F}{A}$. Auch in einem eingeschlossenen Gas ist der Druck überall gleich groß. Im Gegensatz zu einer Flüssigkeit kann man jedoch bei einer eingeschlossenen Gasmenge durch eine Druckänderung das Volumen leicht vergrößern oder verkleinern.

Messungen haben gezeigt, dass dabei für den Druck p und das Volumen V ein konstantes Produkt gilt:
$p \cdot V = \text{konst.}$

Allerdings gilt dies nur so lange, wie sich die Temperatur des Gases nicht ändert. Dieses ***Gesetz von Boyle und Mariotte*** besagt also, dass Druck und Volumen zueinander *umgekehrt proportional* (antiproportional) sind.

Der Schweredruck der Luft

Die Erde ist von einer Lufthülle umgeben; wir leben am Grund eines „Luftmeeres“. Wie bei einer Flüssigkeit (↗ S. 39) besteht auch in der Atmosphäre ein Schweredruck. Er übt auf alle Körpergrenzen Kräfte aus. Wir spüren davon in der Regel wenig, weil sich unser Körper auf diese Kräfte eingestellt hat und die Flüssigkeiten in unserem Körpergewebe ebenfalls „unter Druck stehen“.

Der Schweredruck – üblicherweise als ***Luftdruck*** bezeichnet – nimmt mit der Höhe h über dem Boden ab. Weil die Luft – wie alle Gase – kompressibel ist, hat ihre Dichte an der Erdoberfläche den größten Wert (etwa $1{,}2\,\frac{\text{g}}{\text{dm}^3}$). Da die Dichte mit zunehmender Höhe h abnimmt, verringert sich der Schweredruck in *nicht proportionaler* Weise mit h (nicht wie in einer Flüssigkeit proportional zu h!). Er ist zudem etwas von der Wetterlage (Hochdruck-, Tiefdrucklage) abhängig.

MERKE Der mittlere Luftdruck beträgt auf Meereshöhe $p = 1013\,\text{mbar} = 1013\,\text{hPa}$ (Hektopascal); er ist also etwa so groß wie der Schweredruck in 10 m Wassertiefe. Dieser Druck wird auch als ***Normdruck*** bezeichnet. In den von uns üblicherweise bewohnten Höhen nimmt der Luftdruck alle 8 m um 1 mbar ab. Das zur Messung des Schweredrucks der Luft verwendete Gerät nennt man ***Barometer***.

Der Druck eingesperrter Gase (beispielsweise beim Autoreifen) wird mit einem *Manometer* gemessen. Häufig wird nicht der eigentliche Druck im eingesperrten Gas gemessen, sondern ein Überdruck oder ein Unterdruck. Man versteht darunter die Differenz des tatsächlichen Drucks im Gas zum Luftdruck.

BEISPIEL Wenn bei einem Autoreifen ein Druck von 1,8 bar gemessen wird, so beträgt der eigentliche Gasdruck im Reifen ca. 2,8 bar, denn zu den 1,8 bar ist noch rund 1 bar Luftdruck zu addieren. Da für die Form des Reifens der *Überdruck* entscheidend ist, ist die Messung eines Überdrucks sinnvoll.

Teste dein Wissen!

Kapitel „Mechanik der Gase“	O. K. ✓	Das muss ich noch mal lesen
Ich kann die Tatsache erklären, dass gasförmige Körper (im Gegensatz zu flüssigen) sehr leicht komprimierbar (= zusammendrückbar) sind?		S. 44
Ich kann Eigenschaften benennen, worin sich Gase von Flüssigkeiten beim Einfüllen in ein geschlossenes Gefäß unterscheiden.		S. 44
Ich kann inhaltlich das *Gesetz von Boyle und Mariotte* erklären.		S. 44
Ich weiß, wie der Schweredruck der Luft zustande kommt.		S. 45
Ich kenne die Einheiten, in der man den Druck in einem Autoreifen und (vorzugsweise) den Luftdruck angibt.		S. 45

Wärmelehre

4.1 Die Temperaturmessung: Thermometer

Temperaturen werden mit *Thermometern* gemessen, die in allen europäischen Staaten mit einer ***Celsiusskala*** versehen sind; in den USA wird nach ***Fahrenheit*** gemessen.

Von den elektrischen Thermometern abgesehen, nutzen die meisten Thermometer eine physikalische Eigenschaft aller Körper aus: Mit zunehmender Temperatur vergrößern sie ihr Volumen. So bestanden schon die ersten Thermometer vor 300 Jahren aus einseitig verschlossenen Glasröhren, in die eine Flüssigkeit eingefüllt worden war. Bei einer Temperaturerhöhung dehnen sich die Flüssigkeiten aus (stärker als das Glasgefäß) und der Flüssigkeitsspiegel steigt. Die Länge der Flüssigkeitssäule markiert dann einen *Temperaturpunkt*.

Bei allen Temperaturskalen spielen 2 ***Temperaturfixpunkte*** eine wichtige Rolle. Man versteht darunter Temperaturwerte, die *von Natur aus* unveränderlich sind. Nach Celsius sind dies die Schmelztemperatur von Eis (0 °C) und die Siedetemperatur von Wasser (100 °C). Den Abstand, den die Marken für diese beiden Temperaturen auf einer Thermometerskala haben, bezeichnet man als ***Fundamentalabstand***. Bei einer Celsiusskala wird diese Streckenlänge in 100 gleiche Teile geteilt; 1 °C ist also der 100ste Teil des Fundamentalabstands. Diese Skala wird dann oberhalb des Siedepunkts von Wasser und unterhalb des Schmelzpunkts von Eis mit *gleicher* Schrittweite fortgeführt. Temperaturen unter 0 °C beschreibt man durch negative Zahlen.
Die in den USA übliche Fahrenheit-Skala beruht auf 2 anderen Fixpunkten: den Temperaturen einer besonderen Kältemischung

aus Eis und Salmiak (– 32 °C) und unserer üblichen Körpertemperatur (37 °C). Auch bei ihr wird der Fundamentalabstand in 100 gleiche Teile unterteilt. Die Schmelztemperatur des Wassers beträgt dann 32 °F, unsere Körpertemperatur hat 100 °F und die Siedetemperatur des Wassers 212 °F.
Für die auf einer Celsiusskala gemessenen Temperaturen verwendet man als Formelzeichen den griechischen Buchstaben ϑ (theta), also z. B. $\vartheta = 22\,°C$.
Bei Temperaturangaben ist zu unterscheiden zwischen Temperatur*punkten* und Temperatur*differenzen* – ähnlich wie bei Zeitangaben: 8^{15} Uhr bezeichnet einen Zeitpunkt, 8 h 15 min beträgt eine Zeitspanne, eine Differenz zwischen 2 Zeitpunkten.
Temperaturdifferenzen werden meist in der Einheit ***Kelvin*** (abgekürzt: K) angegeben. Eine Temperaturdifferenz von 1 °C bezeichnet man als 1 K.

BEISPIEL Wenn sich im Klassenzimmer die Temperatur während des Morgens von $\vartheta_1 = 18\,°C$ auf $\vartheta_2 = 22\,°C$ erhöht, dann beträgt die Temperaturdifferenz zwischen den beiden Temperaturpunkten ϑ_1 und ϑ_2: $\Delta\vartheta = \vartheta_2 - \vartheta_1 = 22\,°C - 18\,°C = 4\,°C = 4\,K$.

Flüssigkeitsthermometer enthalten heute meist eingefärbten Alkohol oder Quecksilber. Mit verschiedenen Flüssigkeiten lassen sich Temperaturen im Bereich von – 200 °C bis 1000 °C messen.

Was unterscheidet im Innern einen heißen Körper von einem kalten Körper?

Noch vor 150 Jahren war man der Meinung, dass beim Erwärmen eines Körpers, z. B. durch eine Flamme, ein „Wärmestoff" von den Flammengasen in den Körper hineinkriecht. Man glaubte, dass dieser Wärmestoff wieder entweicht, wenn der Körper aus der Flamme genommen wird und sich deshalb abkühlt.
Im Jahr 1827 untersuchte der englische Arzt und Botaniker *Robert Brown* (1773–1858) unter dem Mikroskop Pollenkörner,

die in einem Tropfen Wasser schwammen. Zu seiner Verwunderung wimmelten die Körner in völlig unterschiedlichen Richtungen durcheinander, sodass er zunächst glaubte, von ihrem Willen gelenkte kleine Tierchen im Blütenstaub entdeckt zu haben.
Erst 60 Jahre später fand sich eine Erklärung für Browns merkwürdige Beobachtung: Die unregelmäßigen Zickzackbewegungen der Pollenkörner waren die Folge von Stößen der noch viel kleineren und daher unter dem Mikroskop unsichtbaren Wassermoleküle.
Zu Beginn unseres Jahrhunderts gelang es, aus den Bewegungen der gestoßenen Teilchen die mittlere Geschwindigkeit der Wassermoleküle zu berechnen. Dadurch konnte nachgewiesen werden, dass die mittlere Teilchengeschwindigkeit umso größer ist, je höher die Temperatur des Körpers ist.
Das Wasser hat bei einem Bad in der Badewanne üblicherweise eine höhere Temperatur als das Wasser im Freibad. Wir empfinden das Wasser in der Wanne als wärmer und auch ein Thermometer zeigt eine höhere Temperatur an, weil die Wasserteilchen auf unsere Hautoberfläche und auch auf die Flüssigkeit im Vorratsgefäß des Thermometers mit einer – im Mittel – größeren Geschwindigkeit prallen.
Der Temperatursinn unserer Haut ist eigentlich ein „Bewegungsmelder“ für kleinste Teilchen, die Moleküle und Atome.

MERKE Je höher die Temperatur eines Körpers, desto größer ist die (mittlere) Geschwindigkeit seiner kleinsten Teilchen (und umgekehrt).

Es ist durchaus möglich, dass es in einem Körper von *einheitlicher* Temperatur in einem Moment Teilchen mit hohen Geschwindigkeiten gibt. Es haben dann in diesem Augenblick andere Teilchen eine wesentlich niedrigere Geschwindigkeit. Für den Temperaturzustand eines Körpers ist einzig und allein der Mittelwert der Geschwindigkeiten seiner vielen Teilchen entscheidend.

Die Folgen einer Temperaturänderung

Steigert man die Temperatur eines Körpers, so führen seine kleinsten Teilchen heftigere Bewegungen aus. Als Folge davon wird der Platzbedarf etwas größer, der mittlere Abstand zum Nachbarmolekül wächst – das Volumen des Körpers nimmt zu. Da bei einer Temperaturänderung die Masse eines Körpers unverändert bleibt, nimmt normalerweise die Dichte (↗ S. 23) aller Stoffe mit zunehmender Temperatur ab.

Temperaturänderung in Flüssigkeiten

Erhöht man die Temperatur einer Flüssigkeitsmenge, so nimmt das Volumen der Flüssigkeit pro Kelvin Temperaturerhöhung zwischen 0,3 ‰ (Wasser) und 1 ‰ (Benzin) zu. Beim Abkühlen der Flüssigkeitsmenge verringert sich normalerweise das Volumen. Deshalb sollte man im Sommer den Benzintank nicht randvoll füllen.

MERKE Als einzige Flüssigkeit zeigt Wasser zwei Besonderheiten, die man auch ***Anomalien*** nennt.

- **1. Anomalie des Wassers:** Warmes Wasser verhält sich zunächst genauso wie jede andere Flüssigkeit: Mit dem Abkühlen verringert sich das Volumen und die Dichte steigt an. Bei 4 °C hat Wasser jedoch seine größte Dichte $\left(\varrho = 1{,}00\,\frac{\text{g}}{\text{cm}^3}\right)$. Kühlt man weiter ab, so nimmt das Volumen wieder zu! 1 l Wasser von 4 °C ist somit schwerer als 1 l Wasser von 6 °C oder von 2 °C. Aus diesem Grund kann auf Wasser von 4 °C sowohl kälteres als auch wärmeres Wasser schwimmen. Diese Besonderheit zeigt nur Wasser. Sie hat in der Natur eine große Bedeutung. Wenn im Herbst und im Winter die Lufttemperaturen sinken, kühlt auch das Wasser an der Oberfläche von Seen ab. Ein See kann nur von der Oberfläche her zufrieren. Ist die Seetiefe genügend groß, können die Wassertiere am Grund bei 4 °C überleben.

- **2. Anomalie des Wassers:** Diese Besonderheit ist die Ursache dafür, dass das Eis nicht auf den Grund des Gewässers sinkt. Beim Gefrieren verhält sich Wasser nämlich wiederum anders als andere Flüssigkeiten. Normalerweise wird das Volumen einer Flüssigkeit beim Erstarren kleiner. Wenn aber Wasser gefriert, so nimmt das Volumen sprunghaft zu: Aus 1 l Wasser werden 1,1 l Eis!
  Auch diese zweite Anomalie des Wassers hat verschiedene Auswirkungen in der Natur. Auf einem zufrierenden See schwimmt das Eis an der Oberfläche. Es isoliert und schützt das darunter liegende Wasser vor raschem Vereisen. Das Wasser gefriert langsam von oben nach unten.
  Diese Anomalien des Wassers haben entscheidend dazu beigetragen, dass auf der Erde Leben entstehen konnte.

Temperaturänderung bei festen Körpern

Auch bei festen Körpern vergrößert sich das Volumen, wenn sich die Temperatur erhöht. Meist ist jedoch nur die Ausdehnung in *einer* Richtung von Interesse. Die Länge von Stäben wächst:

- proportional zur Ausgangslänge l_0 vor der Temperaturerhöhung und
- proportional zur Temperaturdifferenz $\Delta\vartheta$, außerdem hängt sie vom Material ab.

Dieses Verhalten beschreibt man durch den ***Ausdehnungskoeffizienten*** für Längenänderungen. So gilt z. B. für Eisen $\alpha = 0{,}012\,\frac{\text{mm}}{\text{K}\cdot\text{m}}$; d. h., ein 1 m langer Eisenstab vergrößert seine Länge bei einer Temperaturerhöhung von 1 K um 0,012 mm, bei 100 K um 1,2 mm. Die gleiche Verlängerung würde ein Eisenstab von 50 m Länge bei 2 K Temperaturzuwachs erfahren.

MERKE Eine Längen*änderung* bei einer beliebigen Temperaturdifferenz $\Delta\vartheta$ kann nach $\Delta l = \alpha \cdot l_0 \cdot \Delta\vartheta$ berechnet werden. Der Ausdehnungskoeffizient α ist eine Materialkonstante, deren Wert man für verschiedene Stoffe in Tabellen nachschlagen kann.

Temperaturänderung in Gasen

Bei gleichem Ausgangsvolumen nimmt bei einer Erwärmung das Volumen von Gasen – im Vergleich mit dem von Flüssigkeiten und Festkörpern – am meisten zu. Untersucht man verschiedene Gase weit oberhalb ihres jeweiligen Verflüssigungspunktes, so findet man für alle Gasarten eine gleiche Volumenzunahme pro Kelvin Temperaturerhöhung. Genauer:

- Bei Erwärmung um 1 K dehnt sich jedes Gas um $\frac{1}{273}$ des Volumens aus, das es bei 0 °C einnimmt – wenn das Gefäß eine leicht verschiebbare Wand besitzt, sodass der Druck konstant bleibt. (Er hat dann den Wert des äußeren Luftdrucks.)
- Erwärmt man ein Gas in einem verschlossenen Gefäß, so steigt der Druck bei einer Temperaturerhöhung von 1 K um $\frac{1}{273}$ des Drucks, den es bei 0 °C besitzt.

Kühlt man Gase ab, so verringert sich ihr Volumen – wenn man den Druck konstant hält – oder es verringert sich ihr Druck, wenn man das Volumen konstant hält. Beide Gesetzmäßigkeiten sind lineare Funktionen der Temperatur. Verlängert man die Schaubilder geradlinig nach links (zu niedrigeren Temperaturen hin), so schneiden die Geraden – für *alle* Gasarten – die Temperaturachse im Punkt – 273 °C.

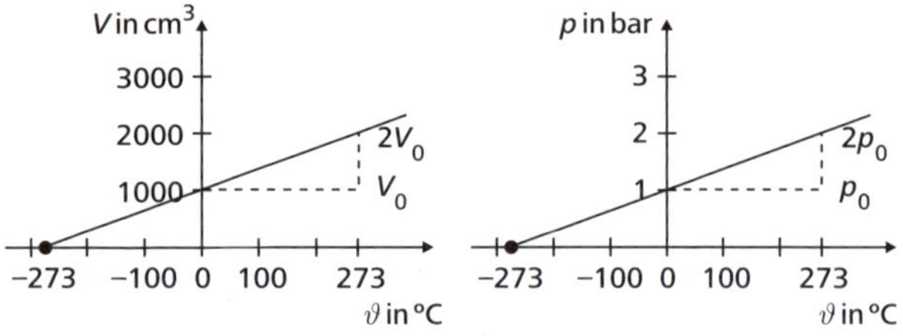

Scheinbar(!) hat jedes Gas bei – 273 °C das Volumen 0 cm³ oder den Druck 0 bar. In Wirklichkeit werden alle Gase noch vor Erreichen von – 273 °C flüssig, für Flüssigkeiten gelten aber die Gasgesetze nicht. Weil es keine niedrigere Temperatur geben kann, nennt man – 273 °C den ***absoluten Nullpunkt***.

Dass es für die Temperatur einen Tiefstpunkt gibt, kann man mit dem Teilchenmodell erklären. Die Temperatur kann nur so lange sinken, bis die Teilchen vollständig zur Ruhe gekommen sind. Am absoluten Nullpunkt ruhen die Teilchen und benötigen daher zur Temperaturbewegung keinen Raum mehr. Auch entsteht dann kein Druck, weil keine Teilchen gegen die Gefäßwand prasseln.

Aufgrund dieser Vorstellungen schlug der schottische Physiker *William Thomson* (1824–1907) – er wurde wegen seiner Verdienste um die Naturforschung später zum *Lord Kelvin* geadelt – eine weitere Temperaturskala vor, die als ***Kelvinskala*** oder ***absolute Temperaturskala*** bezeichnet wird. Auf dieser Skala stimmt die Einheit 1 K mit der Einheit der Celsiusskala 1 °C überein.

Man erhält Temperaturangaben in der Maßeinheit K, wenn man zu den Zahlenwerten der Celsius-Temperaturangaben stets 273 addiert. Der Gefrierpunkt von Wasser liegt bei 273 K, der Siedepunkt von Wasser bei 373 K. – Negative Temperaturwerte gibt es bei dieser Skala nicht. Zur Unterscheidung erhalten Temperaturen nach Kelvin das Formelzeichen T.

Mit der absoluten Temperatur T können die Gasgesetze besonders einfach geschrieben werden:

> ***Gesetz von Gay-Lussac*:**
> **Bei konstantem Druck ist das Volumen einer beliebigen Gasmenge proportional zur absoluten Temperatur:**
> $V \sim T$, **oder (gleichwertig):** $\frac{V_1}{V_2} = \frac{T_1}{T_2}$.

BEISPIEL Wie viel m^3 Luft entweicht aus einem Zimmer vom Rauminhalt $V_1 = 4\,m \cdot 3\,m \cdot 2{,}5\,m = 30\,m^3$, wenn das Zimmer beheizt wird und die Temperatur von $T_1 = 283\,K$ (= 10 °C) auf $T_2 = 298\,K$ (= 25 °C) steigt?

Aus dem Gay-Lussac'schen Gesetz folgt: $V_2 = \frac{T_2 \cdot V_1}{T_1} = \frac{298\,K}{283\,K} \cdot 30\,m^3 \approx 31{,}6\,m^3$. Es entweichen also durch die Tür- und Fensterritzen rund $1{,}6\,m^3$.

Gesetz von Amontons:
Bei konstantem Volumen ist der Druck in einer beliebigen Gasportion proportional zur absoluten Temperatur:
$p \sim T$, oder (gleichwertig): $\frac{p_1}{p_2} = \frac{T_1}{T_2}$.

BEISPIEL Die Luft in einem Autoreifen steht bei $T_1 = 283\,\text{K}$ (= 10 °C) unter einem Druck von 2,5 bar (= 2500 hPa). Bei einer Autobahnfahrt steigt die Temperatur der Luft im Reifen auf $T_2 = 343\,\text{K}$ (= 70 °C). Um wie viel nimmt der Druck im Reifen zu, wenn man von einer geringen Volumenzunahme des Reifens absieht?
Aus dem Gesetz von Amontons folgt: $p_2 = \frac{T_2 \cdot p_1}{T_1} = \frac{343\,\text{K}}{283\,\text{K}} \cdot 2{,}5\,\text{bar} = 3{,}0\,\text{bar}$. Der Druck steigt also um 0,5 bar an, das sind 20 % des Ausgangsdrucks.

4.2 Innere Energie – Wärme

Wie man heißes Wasser bereitet, ist keine Frage: Man stellt den Topf auf den heißen Herd. Auch wenn man die Heizung abschaltet, kann die heiße Herdplatte das Wasser noch einige Zeit am Kochen halten. Jeder weiß, dass nur eine *heiße* Herdplatte *kaltes* Wasser erwärmen kann. Wärme fließt also stets von einem heißeren Gegenstand zu einem kälteren. Berühren (oder vermischen) sich zwei Körper, so wird – wenn ein Temperaturunterschied besteht – Energie übertragen; man spricht in diesem Fall auch von ***Wärme***(energie).

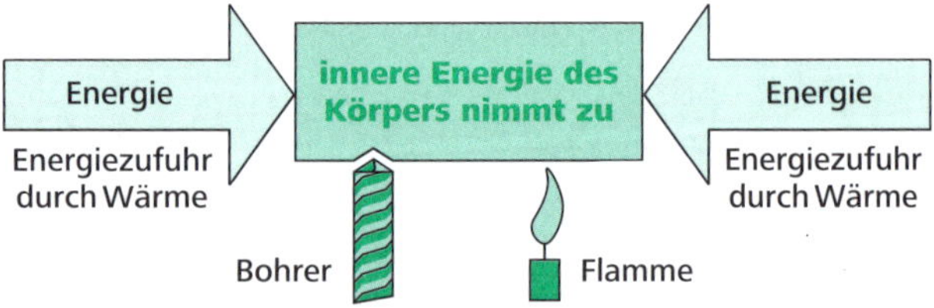

Es gibt noch eine andere Art der Energieübertragung bzw. eine andere Möglichkeit, die Temperatur zu erhöhen, mit der man im Alltag Erfahrungen sammeln kann: Mancher hat sich schon an der Nabe seines Fahrrads die Finger verbrannt, denn die wird sehr heiß, wenn man die Rücktrittbremse betätigt. Auch beim Bohren in hartes Holz oder Eisen können Bohrer und Werkstück sehr heiß werden. – In all diesen Fällen wird die Temperatur eines Körpers erhöht, ohne dass eine Flamme oder eine andere Heizquelle in der Nähe ist.

BEACHTE Bei einer Energiezufuhr – in Form von Wärme oder in Form von (Reibungs-)Arbeit – steigt die Temperatur eines Körpers an.

Die Erkenntnis, dass bei Vorgängen mit Reibung weder Energie erzeugt noch vernichtet wird, verdanken wir dem Arzt *Robert Mayer* (1814–1878), der für die Entdeckung des allgemeinen ***Energieerhaltungssatzes*** im Jahre 1842 von seinen Zeitgenossen als verrückt bezeichnet wurde.

MERKE Die gesamte Energie, die in der Bewegung der Teilchen und in ihrer Anordnung gespeichert ist, wird heute als ***innere Energie*** bezeichnet. Damit kann man sagen: Je höher die Temperatur eines Körpers, desto größer ist seine innere Energie.

Wie misst man Wärme?

Will man die Temperatur eines Körpers erhöhen, so muss man ihm Energie zuführen – entweder durch Arbeit oder durch Wärme.* Je mehr Energie wir zuführen, desto größer ist die Temperaturerhöhung.

Führen wir beispielsweise einer bestimmten Flüssigkeitsmenge nacheinander stets die gleiche Energiemenge zu – indem wir z. B.

* In der Physik bezeichnen „Wärme“ und „Arbeit“ zwei besondere Arten der Energieübertragung zwischen Körpern. Da in beiden Fällen Energie übertragen wird, sind die Begriffe Arbeit und Wärme eigentlich entbehrlich und werden von vielen Lehrern nicht (mehr) benutzt.

einen Tauchsieder immer wieder 1 min lang einschalten –, so erhalten wir bei jeder Energiezufuhr die gleiche Temperatur*erhöhung*. Es sind also die einem Körper zugeführte Energie W_Q und die Temperaturerhöhung $\Delta\vartheta$ zueinander proportional. Führen wir die gleiche Energiemenge einer doppelt so großen Masse zu, so halbiert sich die Temperaturerhöhung. Oder: Wollen wir die gleiche Temperaturerhöhung erhalten wie im Fall der einfachen Masse, so müssen wir die doppelte Energiemenge zuführen: Die für eine bestimmte Temperaturerhöhung notwendige Energie und die Masse eines Körpers sind zueinander proportional.

BEISPIEL Wenn wir einen 500-W-Tauchsieder 1 min in Wasser tauchen, dann führen wir dem Wasser jeweils die Energie $W_Q = 500\,\frac{\text{J}}{\text{s}} \cdot 60\,\text{s} = 30\,000\,\text{J} = 30\,\text{kJ}$ zu. Angenommen, diese Energie wird vollständig zu innerer Energie des Wassers, dann erhöht sich die Temperatur von 1 kg Wasser um $\Delta\vartheta \approx 7{,}2\,\text{K}$.
Wollen wir 2 kg Wasser um 7,2 K erwärmen, so müssen wir dem Wasser 60 kJ Energie zuführen; entweder 2 Tauchsieder von 500 W Leistungsabgabe ins Wasser stecken oder einen Tauchsieder 2 min lang einschalten.

Eine Zusammenfassung der Proportionalitäten besagt, dass der Quotient

$$c = \frac{W_Q}{m \cdot \Delta\vartheta} = \text{konstant ist.}$$

Man bezeichnet diese Konstante c als spezifische Wärmekapazität. Der Wert von c hängt vom Material ab, das die Energie aufnimmt.
Wärme wird oft mit Q abgekürzt; wir verwenden W_Q, da Wärme eine Energie ist.

Als Einheit von c ergibt sich: $1\,\frac{\text{kJ}}{\text{kg} \cdot \text{K}}$ oder (gleichwertig) $1\,\frac{\text{J}}{\text{g} \cdot \text{K}}$. Der Zahlenwert von c gibt also an, wie viel kJ an Energie einem Körper zugeführt werden muss, um 1 kg seines Stoffes um 1 K zu erwärmen.

Wasser besitzt die (außerordentlich große) spezifische Wärmekapazität $c = 4{,}18\ \frac{\text{kJ}}{\text{kg} \cdot \text{K}}$.

BEISPIEL Um 1 kg (= 1 l) Wasser um 1 K zu erwärmen, werden 4,18 kJ Energie benötigt. Um 80 l Badewasser von $\vartheta_2 = 40\ °\text{C}$ aus Leitungswasser der Temperatur $\vartheta_1 = 12\ °\text{C}$ zu gewinnen, ist ihm eine Energie

$$W_Q = c \cdot m \cdot \Delta\vartheta = 4{,}18\ \frac{\text{kJ}}{\text{kg} \cdot \text{K}} \cdot 80\ \text{kg} \cdot (40 - 12)\ \text{K} \approx 9363\ \text{kJ}$$

zuzuführen. (Der Tauchsieder bräuchte dazu selbst dann über 5 h, wenn man gleichzeitige Abkühlung verhindern könnte!)

Bei einer Abkühlung geben die Körper die entsprechende Energie an einen kühleren Körper der Umgebung wieder ab.

4

Die spezifische Wärmekapazität von festen Stoffen ist wesentlich kleiner als die von Flüssigkeiten (c-Wert von Eisen $0{,}45\ \frac{\text{kJ}}{\text{kg} \cdot \text{K}}$). Wasser ist z. B. ein „Wärmespeicher", der relativ große Energiemengen aufnehmen und abgeben kann.

Wirft man einen heißen Körper in eine kalte Flüssigkeit oder mischt man 2 Flüssigkeiten, so nehmen sie (nach dem Temperaturausgleich) die ***Mischungstemperatur*** ϑ_m an. Diese lässt sich berechnen, wenn man die Energie, die der heiße Körper A (bis zur Mischungstemperatur ϑ_m) abgibt, der Energie gleichsetzt, die der kalte Körper B aufnehmen muss, damit er ϑ_m erreicht:

$$W_{A,\,ab} = W_{B,\,auf}\,.$$

Besonders einfach wird die Rechnung, wenn sich 2 Körper des gleichen Materials mischen, denn dann braucht man den c-Wert nicht zu kennen, da er sich aus der Gleichung kürzt.

BEISPIEL Zu 40 l heißem Wasser von 75 °C werden 60 l von 15 °C gegeben. Die Ausgangsgleichung lautet dann: $W_{A,\,ab} = 40\ \text{kg} \cdot (75\ °\text{C} - \vartheta_m) = 60\ \text{kg} \cdot (\vartheta_m - 15\ °\text{C}) = W_{B,\,auf}$. Daraus folgt: $4 \cdot 75\ °\text{C} - 4 \cdot \vartheta_m = 6 \cdot \vartheta_m - 6 \cdot 15\ °\text{C}$ und für die Mischungstemperatur $\vartheta_m = 39\ °\text{C}$.

Schmelzen – Erstarren; Verdampfen – Kondensieren

Damit ein fester Körper schmilzt, muss ihm Energie zugeführt werden. Die Energie, die man beispielsweise Eis (von 0 °C) zuführen muss, dass es zu Wasser (von 0 °C) schmilzt, bezeichnet man als ***Schmelzwärme***.

Auch beim Schmelzen wächst die erforderliche Energie proportional zur Masse des zu schmelzenden Körpers.

Den Quotienten aus Schmelzwärme und Masse nennt man *spezifische Schmelzwärme*, da er von Stoff zu Stoff verschieden ist. Für Wasser beträgt die spezifische Schmelzwärme 334 $\frac{\text{kJ}}{\text{kg}}$. Zum Schmelzen von 1 kg Eis benötigt man demnach 334 kJ.

Bei dem umgekehrten Vorgang, dem ***Erstarren***, gibt ein Körper Energie ab – genauso viel, wie die gleiche Masse zum Schmelzen benötigt.

MERKE Während des gesamten Schmelzvorgangs steigt die Temperatur des festen Körpers nicht an, denn die zugeführte Energie wird samt und sonders zum Trennen der Teilchen benötigt. Die als Schmelzwärme zugeführte Energie „steckt" also nach dem Auflösen der festen Teilchenabstände in der Flüssigkeit.

Auch die Schmelzwärme zählt zur inneren Energie eines physikalischen Körpers.

Ein ähnlicher Vorgang findet beim ***Verdampfen*** statt. Auch hier ändert sich ein Körperzustand (Aggregatzustand) unter Energiezufuhr. Um 1 kg Wasser (bei ≈ 100 °C) zu verdampfen, benötigt man 2256 kJ, das ist etwa 5-mal so viel, wie man braucht, um Wasser von 0 °C auf 100 °C zu erwärmen. Auch beim Verdampfen ist die spezifische ***Verdampfungswärme*** von Stoff zu Stoff verschieden.

Entzieht man einem Dampf Energie, so kondensiert er wieder zu einer Flüssigkeit. Dabei wird ***Kondensationswärme*** frei, die den gleichen Betrag hat wie die Verdampfungswärme (gleiche Masse vorausgesetzt).

BEISPIEL Im Wasserdampf, einem unsichtbaren Gas, steckt also viel Energie. Große Gebäude werden deshalb durch eine Dampfheizung beheizt. In die Heizkörper wird heißer Dampf eingeleitet, der darin kondensiert und pro kg 2256 kJ Energie an die Umgebung abgibt.

Auch die ***Siedetemperatur*** (= Kondensationstemperatur) ist von Stoff zu Stoff verschieden. Zudem hängt der Temperaturpunkt vom Druck über der Flüssigkeitsoberfläche ab. Ist das Gefäß offen, so bestimmt der äußere Luftdruck die Siedetemperatur. Je höher der Druck, desto höher die Siedetemperatur.

Da während des Verdampfungsvorgangs die Temperatur in einer Flüssigkeit konstant bleibt, kann also – trotz ständiger Energiezufuhr – die Temperatur von siedendem Wasser nie über 100 °C steigen. Meist ist sie geringer, da der Luftdruck (↗ S. 45) mit zunehmender Höhe über dem Meeresspiegel abnimmt.

In einem offenen Gefäß verdunstet eine Flüssigkeit allmählich – sie geht in den gasförmigen Zustand über – und das auch weit unterhalb ihrer Siedetemperatur oder gar in einem geschlossenen Gefäß. Dort bildet sich aber oberhalb der Flüssigkeit rasch ein Dampfdruck und stoppt die ***Verdunstung***.

Im Gegensatz zum Sieden entstehen in der Flüssigkeit keine Dampfblasen; das Verdunsten geschieht von der Oberfläche aus. Auch für das Verdunsten einer Flüssigkeit ist Energie nötig, und zwar genau so viel, wie zum Verdampfen der gleichen Menge benötigt würde. Die Energie zum Verdunsten wird der Flüssigkeit selbst entzogen, sie kühlt dabei ab. Als Folge dieser *Verdunstungskühlung* sinkt die Temperatur der Flüssigkeit unter die Temperatur der Umgebung. Dann gibt die Umgebung Energie an die Flüssigkeit ab.

BEISPIEL Durch *Verdunstungskühlung* können wir unsere Körpertemperatur auf 37 °C halten, auch wenn die Außentemperaturen höher sind. Wenn wir schwitzen, verdunstet der Schweiß auf der Hautoberfläche und entzieht dem Körper Energie.

Kühlschrank und Wärmepumpe

In den meisten unserer Haushalte gibt es einen Kühlschrank oder eine Gefriertruhe. Sie benötigen elektrischen Strom, um eine Pumpe – den sogenannten Kompressor – zu betreiben. Dieser befördert ein Kühlmittel, das unter Druck steht, in einem geschlossenen Röhrensystem. Durch Verdampfen des Kühlmittels entzieht es den Lebensmitteln im Innenraum des Schranks Energie und transportiert diese an die Außenseite des Kühlschranks. In dem dortigen Röhrenteil kondensiert das gasförmige Kühlmittel wieder zu einer Flüssigkeit und wird durch eine enge Düse in das innere Röhrensystem – in den sogenannten Verdampfer – gepresst; der Kreislauf des Kühlmittels beginnt aufs Neue.

In Wohnwagen findet man meist einen anderen Kühlschranktyp, den sogenannten *Absorber*. Er arbeitet völlig geräuschlos und kann auch mit Gas betrieben werden. Die Betriebskosten sind allerdings höher.

Eine Kompressor-Anlage, die zur Erwärmung eines Raumes oder einer ganzen Wohnung entwickelt wurde, wird als ***Wärmepumpe*** bezeichnet. Sie hat die gleichen Bauteile wie ein Kühlschrank. Allerdings entzieht sie ihrer Umgebung Energie. Das kann in diesem Fall die Außenluft – oder noch wirkungsvoller – das Grundwasser oder ein vorbeifließender Bach sein. Selbst wenn dieser Bach nur 10 °C hat, kann man ihm noch Energie entziehen! Der Vorteil einer Wärmepumpe gegenüber anderen Heizsystemen ist der, dass die eigentliche Wärme(energie) zum Heizen kostenlos ist. Lediglich der Kompressorbetrieb verursacht Kosten. Moderne Wärmepumpen benötigen heute nur etwa 0,4 kJ an elektrischer Energie, um damit 1 kJ Wärme zu transportieren. Eine Wärmepumpe zu betreiben kann deshalb billiger sein, als mit Öl zu heizen. Nachteile von Wärmepumpen ergeben sich durch die hohen Anschaffungskosten der Anlage und die Wartungskosten. Denn eine Wärmepumpe enthält bewegliche Teile, die verschleißen. Zudem bieten sich nicht überall günstige Möglichkeiten, ein „Energiereservoir" anzuzapfen.

Maschinen, die mit Wärme arbeiten

Die Motoren in unseren Kraftfahrzeugen verbrennen zur Arbeit Treibstoff. Elektromotoren beziehen zwar ihre Energie „aus der Steckdose", doch dahinter steht ein Kraftwerk, in dem Turbinen die Generatoren antreiben. Die Turbinen werden mit heißem Dampf betrieben – letztlich arbeiten alle Motoren in irgendeiner Weise mit Wärme. Sie werden zusammengefasst gelegentlich – etwas altertümlich – als *Wärmekraftmaschinen* bezeichnet.
Dampfmaschinen, Dampfturbinen, Otto- und Dieselmotoren, aber auch Raketen, werden heute eher als *Energiewandler* oder als ***Wärme-Energie-Maschinen*** angesehen; in ihren Anlagen wird Wärme(energie) in mechanische Energie (Bewegungsenergie) verwandelt.

Wir wollen die technischen Unterschiede der einzelnen Wärme-Energie-Maschinen beiseitelassen und uns im Folgenden auf einige ihnen gemeinsame physikalische Prinzipien konzentrieren:

- Wärme-Energie-Maschinen funktionieren nur, wenn ein Temperaturgefälle vorhanden ist. Hätten an einer Maschine alle Bauteile die gleiche Temperatur, so würde sie stehenbleiben. Autos, aber auch Kraftwerke, benötigen deshalb einen Kühler bzw. einen Kühlturm.
- Alle Maschinen geben genau so viel Energie ab, wie ihnen zugeführt wird. Auch für sie gilt der *Satz von der Erhaltung der Energie* (Energieerhaltungssatz).
- Niemals kann jedoch die gesamte zugeführte Energie *vollständig* in Arbeit verwandelt werden. Es gibt keine Wärme-Energie-Maschine, die dauernd läuft und mit der zugeführten Wärme *nur* Arbeit verrichtet. Immer wird ein Teil der zugeführten Energie wieder als Wärme abgegeben. Dieser Teil wird meist als *Abwärme* bezeichnet, weil er für die weitere Nutzung im Allgemeinen nicht verwertbar ist.

- Von großer wirtschaftlicher Bedeutung ist der ***Wirkungsgrad***. Man versteht darunter das Verhältnis aus genutzter und zugeführter Energie: $\eta = \frac{W_{\text{Nutz}}}{W_{\text{zug}}}$. Der Wirkungsgrad η (eta) ist stets kleiner 1.

BEISPIEL Aus 1 l Dieselöl können beim Verbrennen 40 MJ Wärme(energie) gewonnen werden. Ein Dieselmotor erzeugt aus 1 l Treibstoff etwa 14 MJ Arbeit; sein Wirkungsgrad beträgt also $\eta = \frac{14\text{ MJ}}{40\text{ MJ}} = 0{,}35 = 35\,\%$.

Transport von Wärmeenergie

Wämekonvektion

Eine Zentralheizung ist eine Anlage, bei der Wärme von einem Ofen (meist im Heizungskeller) in die verschiedenen Wohnräume transportiert wird. Man nennt diese Art des Energietransports, der an einen Transport von Materie gebunden ist, ***Konvektion*** (oder Mitführung). Immer wenn Flüssigkeiten oder Gasschichten ungleichmäßig erwärmt sind, tritt Konvektion auf. Sie spielt beim Wetter eine bedeutende Rolle. Auch die Kühlung bei einem wassergekühlten Automotor geschieht durch Konvektion; hier wird die Mitführung durch eine Kühlwasserpumpe unterstützt, die das heiße Wasser durch den Kühler treibt.

Wärmeleitung

Die Wärmeleitung ist daran schuld, dass man sich am Griff einer Teekanne die Finger verbrennt. In allen Körpern wird die Wärme(energie) mehr oder weniger gut weitergeleitet, ohne dass die Teilchen im Körper ihren Platz verlassen. Diese Energieweiterleitung durch Stöße von Teilchen zu Teilchen bezeichnet man als ***Wärmeleitung***. Die Energie fließt dabei stets von Stellen höherer Temperatur zu Stellen niedriger Temperatur. Unter den Stoffen gibt es sowohl gute als auch schlechte Wärmeleiter, beide sind gleich wichtig. Alle Metalle sind gute Wärmeleiter (besonders Silber und Kupfer), Wasser und Gase sind dagegen schlechte Wärmeleiter.

Stoffe, die viel Luft enthalten, wie beispielsweise Styropor oder Kork, sind schlechte Wärmeleiter und werden deshalb gern zur Wärmeisolation eingesetzt. Noch besser sind Thermoskannen isoliert. Zwischen den doppelten Glaswänden ist die Luft entfernt.

Temperaturstrahlung, Wärmestrahlung

Neben Konvektion und Wärmeleitung gibt es noch eine dritte Art der Energieübertragung. Von der Sonne gelangt ständig Energie durch den praktisch leeren Weltraum. Man spricht in diesem Fall von ***Temperaturstrahlung***, weil die Strahlung (und damit der Energiebetrag) sehr stark von der Temperatur des Körpers abhängt. Diese Art von Energietransport ist an keine Materie gebunden.

Die Oberfläche der Sonne hat eine Temperatur von 5800 °C. Ihre Strahlung besteht zum größten Teil aus sichtbarem Licht, das Glas fast ohne Abschwächung durchdringt.

Von Körpern niedriger Temperatur geht ebenfalls eine Strahlung aus, die wir – wenn ihre Temperatur unter 800 °C liegt, wie z. B. bei einem Bügeleisen – mit dem Auge nicht wahrnehmen. Diese Strahlung wird als *Infrarotstrahlung* oder als ***Wärmestrahlung*** bezeichnet, da sie unsere Hautoberfläche beim Auftreffen erwärmt.

Jede Strahlung, auch die Wärmestrahlung, wird besonders stark von schwarzen Körpern absorbiert.

Mit *Sonnenkollektoren*, deren Absorberröhren geschwärzt sind, kann man auch den Infrarot-Anteil des Sonnenlichts ausnutzen und damit selbst in Wintermonaten warmes Wasser bereiten. Allerdings hängt die Energieausbeute sehr stark von der Tages- und Jahreszeit sowie vom Wetter ab. In unseren Breiten kann man mit einem Jahresmittel von ca. $100\,\text{W} = 100\,\frac{\text{J}}{\text{s}}$ pro m^2 Fläche rechnen.

Von der Sonne geht ein gewaltiger Energiestrom aus, der selbst in der Entfernung der Erde (150 Millionen km) auf jeden m^2

Fläche noch 1386 W einstrahlt. Dieser Wert wird als ***Solarkonstante*** bezeichnet. Davon kann man an der Erdoberfläche im günstigsten Fall immerhin noch etwa 1000 J Energie in jeder Sekunde gewinnen.

Seit mindestens 4,5 Milliarden Jahren strahlt die Sonne mit konstanter Intensität diese Energie der Erde zu. Sie ist damit unser wichtigster Energielieferant (nur 0,02 % trägt die sogenannte „Erdwärme" bei, die aus einem radioaktiven Zerfall der Atomkerne des Erdkerns stammt).

Durch die ständige Absorption des Sonnenlichts würde sich die Temperatur der Erdoberfläche immer weiter steigern, wenn die Erde nicht gleichzeitig als „Temperaturstrahler" auch Energie ins Weltall abstrahlen würde. Im Gegensatz zur Sonne, die bei 5800 K Temperatur hauptsächlich sichtbares Licht emittiert, strahlt die Erde bei einer mittleren Temperatur von etwa 14 °C (global gemittelt über alle Kontinente, Tag und Nacht und alle Jahreszeiten) Energie in Form von Wärmestrahlung (Infrarot-Strahlung) ab. Bei dieser Temperatur ist die Erde im „Energiegleichgewicht": Es fließt ihr pro Zeiteinheit gleich viel Energie zu, wie sie absrahlt. Wie eine Rechnung (über die Solarkonstante) zeigt, würde die mittlere Oberflächentemperatur jedoch nur etwa 5 °C betragen, wenn nicht der Wasserdampf und weitere Gase der Atmosphäre die Infrarotstrahlung absorbieren und zum Teil wieder reflektieren würden. Dies kann man als einen erwünschten Treibhauseffekt bezeichnen. Seit den ersten primitiven Lebensformen auf der Erde (vor ca. 3,6 Milliarden Jahren) hat sich die biologische Evolution auf das Sonnenlicht als Energieträger eingestellt. Auch unsere Augen haben die größte Empfindlichkeit für grün/gelbes Licht, denjenigen Anteil im Spektrum, der am intensivsten ist. Die Photosynthese, der effektivste Energieumwandler von Strahlungsenergie in chemische Energie, ist ebenfalls für diesen Wellenlängenbereich optimiert.

Teste dein Wissen!

Kapitel „Wärmelehre“	O. K. ✓	Das muss ich noch mal lesen
Ich kann die Grundlagen der Temperaturskala nach *Celsius* und *Kelvin* benennen.		S. 47
Ich kann die Einheiten von Temperatur*punkten* und Temperatur*differenzen* und deren Zusammenhang benennen.		S. 48
Ich kann erklären, worin sich ein heißer von einem kalten Körper unterscheidet – mikroskopisch gesehen.		S. 48, 49
Ich kann die Vorgänge beim Erhitzen eines Körpers erklären.		S. 50
Ich kann die sogenannten *Anomalien* des Wassers erklären.		S. 50, 51
Ich kann Größen benennen, zu denen die Längenänderung eines Metallstabes bei einer Temperaturänderung proportional ist.		S. 51
Ich kann erklären, wie sich Gase bei einer Temperaturänderung verhalten (Gesetze von *Gay-Lussac* und von *Amontons*).		S. 52–54
Ich kann zwei verschiedene Möglichkeiten, die innere Energie eines Körpers zu steigern, benennen.		S. 54, 55
Ich kann an einem Beispiel erklären, wie man die Energiezufuhr (in Form von Wärme) berechnen kann?		S. 55–57
Ich kann erklären, was man unter einer (spezifischen) Schmelzwärme und Verdampfungswärme versteht.		S. 58, 59
Ich kann einige Wärme-Energie-Maschinen nennen und generelle Prinzipien für ihren Betrieb erklären. Ich kann ihren Wirkungsgrad definieren.		S. 60–64

5 Akustik

Alles was wir hören können, wird als ***Schall*** bezeichnet. Musikinstrumente, Pfeifen, Glocken, Lautsprecher, die Stimmbänder in unserem Kehlkopf, aber auch der Auspuff eines Motorrads sind Schallerzeuger oder besitzen Teile, die man als Schallerreger bezeichnet.

5.1 Wie wird Schall erzeugt?

Wie man bei den Saiten einer Gitarre oder den Zinken einer Stimmgabel beobachten kann, entsteht der Schall erst, wenn ein Schallerreger rasche Hin-und-her-Bewegungen ausführt: Er muss *schwingen*.

- Schall wird erzeugt, wenn ein Schallerreger (Metallstäbe, Saiten, Membranen, Luftsäulen etc.) in rasche ***Schwingungen*** versetzt wird. Je nach Art des Schallerregers und der Erregung entsteht dabei unterschiedlicher Schall: Schwingt der Schallerreger gleichmäßig, so entsteht ein ***Ton*** oder ein ***Klang***.
- Bei einem ***Geräusch*** schwingt der Erreger unregelmäßig. Wenn wir Papier zerreißen, wird dieses in kurze, unregelmäßige Schwingungen versetzt; niemand wird den dabei entstehenden Schall als einen wohlklingenden Ton bezeichnen.
- Wird ein Schallerreger einmalig sehr stark angestoßen und klingen die Schwingungen rasch ab, so entsteht ein ***Knall***. Ein Fußballtreffer lässt eine Fensterscheibe mit „einem lauten Knall" zerspringen, sie bricht sofort in kleine Stücke und kann deshalb nicht anhaltend schwingen.

Neben dem Schalleindruck können selbst unmusikalische Menschen zwei weitere Eigenschaften unterscheiden:

- *Tonhöhe:* Ob ein Ton oder Klang hoch oder tief klingt, hängt davon ab, wie schnell die Schwingungen des Erregers erfolgen. Je kürzer eine Saite, desto rascher schwingt sie und desto höher ist der zu vernehmende Ton.

schwingendes Lineal

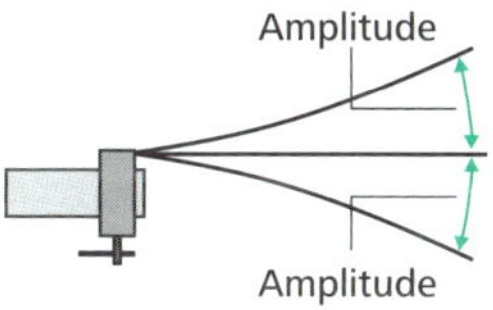

schwingende Saite

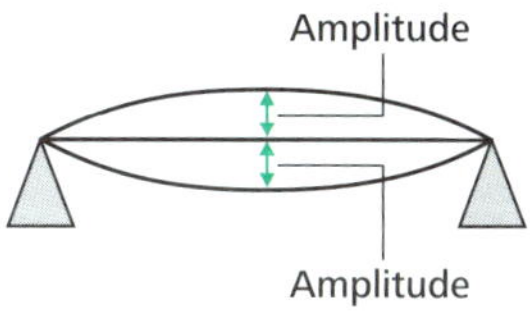

- *Lautstärke:* Wie laut ein Schallereignis von uns wahrgenommen wird, hängt von verschiedenen Dingen ab:

1. Je größer die Ausschläge des schwingenden Erregers, desto lauter ist der Ton.
2. Ist der Schallerreger mit einem geeigneten Körper verbunden (Holzkörper der Gitarre, Violine etc.), erklingen die Töne viel lauter als ohne diese „Schallabstrahler“.
3. Nicht jede Art von Musik oder Geräuschen wird von allen Menschen als gleich laut empfunden; ältere Menschen sind in der Regel lärmempfindlicher.

VORSICHT Diskomusik ist heute oftmals lauter als der Maschinenlärm in einer Werkhalle, in der die Arbeiter den Arbeitsschutzbestimmungen entsprechend einen speziellen Gehörschutz tragen müssen. Auch wenn man sich an laute Musik gewöhnen kann – die Mediziner warnen: Es scheint so zu sein, dass dieser Gewöhnungseffekt darauf beruht, dass ein Teil unseres Gehörsinns durch starken Lärm geschädigt wird – ein Prozess, der vermutlich unwiderruflich ist.

Mit geeigneten Geräten (Oszilloskopen) kann man die Schwingungen von Schallerregern aufzeichnen und rasch aufeinanderfolgende Momentbilder in aller Ruhe vergleichen.

Damit lassen sich z. B. die Schwingungsform, die Höchstausschläge und das „Tempo“ einer schwingenden Saite ausmessen.

reiner, leiser, tiefer Ton

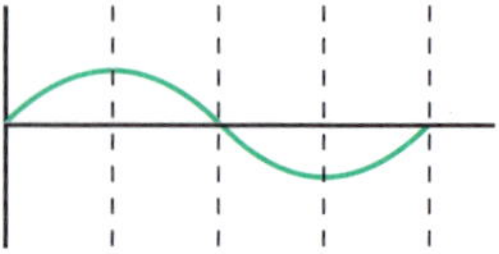

der gleiche Ton, nur lauter

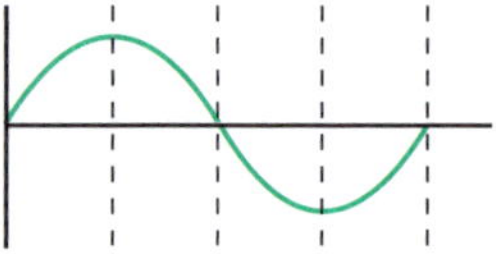

reiner, leiser, hoher Ton

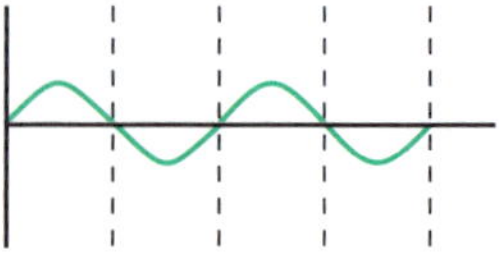

Ton, gesungen

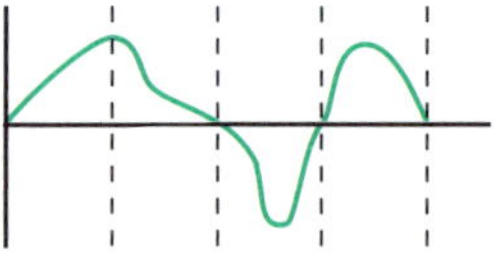

Die Abbildung links zeigt 2 Schwingungs-Momentbilder (Oszillogramme) einer Saite, die in der Mitte angezupft wurde. Die größte Auslenkung, die die Saitenmitte für einen kurzen Augenblick nach beiden Seiten erreicht, wird als ***Amplitude*** bezeichnet. Eine Auf-und-ab-Bewegung (bis zur Amplitude auf der gleichen Seite) nennt man eine ***Periode*** der Schwingung, die Zeitdauer für *eine* Periode heißt *Periodendauer* T (gelegentlich auch Schwingungsdauer).
Bei einer (üblichen) Stimmgabel führen beide Zinken in jeder Sekunde 440 Hin-und-her-Bewegungen aus; man sagt, die

Frequenz beträgt 440 je Sekunde, kurz: $f = 440\,\frac{1}{\mathrm{s}}$.

Ist eine Saite auf den Kammerton a' dieser Stimmgabel abgestimmt, hat auch die schwingende Saite diese Frequenz.

Ihre Periodendauer beträgt $T = \frac{1}{440\,\mathrm{s}} \approx 0{,}0023\,\mathrm{s}$, da 440 (der

gleichartigen) Perioden in 1 Sekunde erfolgen.
Für die Einheit der Frequenz $\frac{1}{\mathrm{s}}$ schreibt man auch 1 Hz (Hertz); 1000 Hz = 1 kHz (Kilohertz), 1 000 000 Hz = 1 MHz (Megahertz).

Teilt man die Anzahl der Perioden durch die dafür benötigte Zeit, so erhält man die Frequenz der Schwingung. Die Frequenz gibt also an, wie viele Perioden – *oder Bruchteile einer Periode* – in einer Zeitspanne (meist in einer Sekunde) erfolgen. Man erhält die Periodendauer T, wenn man den Kehrwert der Frequenz f bildet (und umgekehrt):

$T = \frac{1}{f}$; $f = \frac{1}{T}$.

Die Frequenz (und damit auch die Periodendauer) bestimmt die Tonhöhe. Unabhängig von der Frequenz bestimmt die Amplitude die Lautstärke.

Physikalische Größe	Höreindruck
Amplitude	Lautstärke
Frequenz f	Tonhöhe
Kurvenform	wohlklingender Ton, Klang oder eher ein Geräusch

MERKE Je größer die Amplitude, desto lauter der Ton, je größer die Frequenz f, desto höher der Ton, je einfacher, genauer, je glatter die Kurvenform, desto „schlanker" der Ton.

Nicht alle schwingenden Gegenstände erzeugen hörbare Töne. Wir hören Töne erst ab einer Frequenz von etwa 16 Hz (als einen sehr tiefen Ton), aber auch sehr hohe Frequenzen sind für uns unhörbar.
Der ***Hörbereich*** des menschlichen Gehörs erstreckt sich von etwa 16 Hz bis 20 000 Hz. Die obere Grenze des Hörbereichs verschiebt sich mit jedem Lebensjahrzehnt um etwa 1000 Hz bis 2000 Hz nach unten. Der Frequenzbereich unserer Stimme ist dagegen wesentlich kleiner: Ein Sänger mit einer Bass-Stimme erzeugt Töne von 85 Hz bis 350 Hz, eine Sopranistin muss beim Singen einen Frequenzbereich von 250 Hz bis 3400 Hz beherrschen.
Viele Tiere erzeugen – und hören vermutlich auch – Töne mit wesentlich höheren Frequenzen. Bekannt ist, dass Fledermäuse, aber auch Delfine, mit 120 000 Hz bzw. 200 kHz „pfeifen".

5.2 Wie kommt der Schall an unser Ohr?

Die Astronauten auf dem Mond mussten sich „per Funk“ unterhalten. Nicht die schweren Schutzhelme behinderten die Verständigung, sondern die fehlende Luft an der Mondoberfläche ließ keine ***Schallausbreitung*** zu.

Schall benötigt zu seiner Ausbreitung einen Stoff. Meist ist dies die Luft. Aber auch andere Gase, Flüssigkeiten und auch feste Stoffe leiten den Schall weiter (meist sogar besser als die Luft), nur im Vakuum ist eine Schallausbreitung unmöglich.

Bewegt sich ein Gegenstand langsam durch die Luft, so weicht diese vor ihm aus und strömt um ihn herum. Bei einer raschen Hin-und-her-Bewegung kann dagegen die Luft nicht schnell genug ausweichen, es entstehen in regelmäßiger Folge Luftverdichtungen und -verdünnungen. Die Verdichtungen und Verdünnungen der Luft breiten sich um den Schallerreger nach allen Seiten hin aus. Man spricht von einer *Schallwelle*, weil die Luftteilchen (Moleküle) an ihrem Ort etwas hin- und herschwingen (ohne diesen selbst zu verlassen). Mit wachsender Entfernung werden die Schwingungen der Luftteilchen immer geringer, die Lautstärke nimmt ab.

Treffen diese Verdichtungen und Verdünnungen abwechselnd das Trommelfell in unserem Ohr, so wird dieses dünne Häutchen – wie die Membran an einer Trommel – zum Mitschwingen angeregt und leitet diese Schwingungen ins Innenohr weiter. Die dortigen Sinneszellen werden erregt – wir hören den Schall.

Die Ausbreitung des Schalls in der Luft erfolgt sehr rasch, doch nicht so schnell wie beispielsweise ein Lichtblitz. Deshalb vergeht bei einem Gewitter, nachdem wir den Blitz gesehen haben, eine gewisse Zeit, bis wir den Donner hören. Schon unsere Urgroßeltern zählten häufig die Sekunden zwischen Blitz (Licht) und Donner (Schall). Betrug der Zeitunterschied etwa 10 s, dann sagten sie: „Das Gewitter ist 3 km entfernt!“ – und waren beruhigt. Dieser Faustregel liegt die Schallausbreitungsgeschwindigkeit in der Luft zugrunde: Sie beträgt (etwas abhängig von der Tempe-

ratur der Luft) ≈ 340 $\frac{m}{s}$, d. h., ein Schallereignis (beispielsweise der Knall einer Startpistole) erreicht in 1 s einen Hörer in 340 m Entfernung, in 2 s in 680 m und in 3 s in 1020 m ≈ 1 km Entfernung.
Trifft eine Schallwelle auf die Grenzfläche zweier verschiedener Stoffe, wird sie zum Teil zurückgeworfen (reflektiert). Trifft der reflektierte Teil wieder am Ort seiner Entstehung ein, so nehmen wir entweder einen ***Nachhall*** oder ein ***Echo*** wahr. Zwei Schallereignisse, die in kürzerem Zeitabstand als $\frac{1}{10}$ Sekunde an unserem Ohr ankommen, „verschmelzen" in unserem Gehörsinn zu einem Eindruck, wir vernehmen einen Nachhall. Ist der Zeitabstand größer als $\frac{1}{10}$ Sekunde, so bemerken wir den Zeitunterschied und hören ein Echo (Widerhall). Damit wir ein Echo hören, muss also die reflektierende Wand mindestens 17 m entfernt sein.

In der Technik und in der Schiff-Fahrt werden seit langem ***Echolotverfahren*** zur Entfernungsbestimmung eingesetzt. Aber auch die Medizin bedient sich dieser Methode bei der Untersuchung innerer Organe. Bei einer *Ultraschall-Untersuchung* durchlaufen Schallwellen mit einer Frequenz von bis zu 5 MHz (= 5 Millionen Hz) unsere Körperschichten: Haut, Fettgewebe, Muskeln, Knochen, … An jeder Grenzschicht wird ein Teil der Schallwellen reflektiert. Aus den Echos „konstruiert" ein Computer ein Bild unserer inneren Körperteile. Im Gegensatz zu einer Untersuchung mit Röntgenstrahlen gilt diese Methode als vollkommen ungefährlich.

Teste dein Wissen!

Kapitel „Akustik“	O. K. ✓	Das muss ich noch mal lesen
Ich kann verschiedenen Schallempfindungen die physikalisch zugrunde liegenden Gegebenheiten eines Schallerregers zuordnen.		S. 66, 67
Ich kann erklären, was man unter *Amplitude* und was man unter *Frequenz* und *Periodendauer* bei einem schwingenden Körper versteht.		S. 67–69
Ich kann den Frequenzbereich des menschlichen Ohrs und seiner Stimme benennen.		S. 69
Ich kann die *Schallausbreitung* in Luft genauer erklären.		S. 70
Ich kann das Vorgehen, wie man bei einem Gewitter die Entfernung eines Blitzeinschlags abschätzen kann, erklären.		S. 70
Ich kann erklären, wie ein Echo entsteht und kann die Entfernung bei einem Echolotverfahren berechnen.		S. 71

Optik

6.1 Ohne Licht kann man nicht sehen!

In völliger Dunkelheit kann man nichts sehen. Erst wenn Licht durch die Pupille des Auges tritt und die Sehzellen der Netzhaut trifft, reagiert der Gesichtssinn auf diesen Reiz.

Lichtquellen

Heiße Körper (Sonnenoberfläche, Kerze, Glühfaden einer Lampe etc.) sind selbstleuchtend. Die meisten Gegenstände unserer Umgebung sind dagegen nicht selbstleuchtend; wir nehmen sie nur wahr, wenn sie durch das Licht einer Lichtquelle beleuchtet werden. Bei lichtundurchlässigen Körpern wird dann ein Teil des auffallenden Lichts an der Oberfläche dieser Körper „in alle Richtungen" zurückgeworfen (reflektiert, gestreut). Nur wenn ein Teil dieses Streulichts in unser Auge eintritt, nehmen wir diese Gegenstände wahr. Ob sie uns matt oder glänzend, schwarz oder farbig erscheinen, hängt von ihrer Oberflächenbeschaffenheit ab.

Bei vielen Taschenlampen kann man durch Drehen an der Spiegelfassung die Form des Lichtbündels verändern. Man unterscheidet 3 Formen von Lichtbündeln:

- *Parallellichtbündel* mit parallelen Lichtstrahlen,
- *divergente Lichtbündel* mit auseinanderlaufenden Strahlen,
- *konvergente Lichtbündel* mit Strahlen, die auf einen Punkt zulaufen.

Die Sonne ist so weit entfernt (150 Millionen km), dass ihre Lichtstrahlen praktisch parallel sind, wenn sie auf die Erde treffen; auch das Licht aus Lasern ist ein Parallellichtbündel.

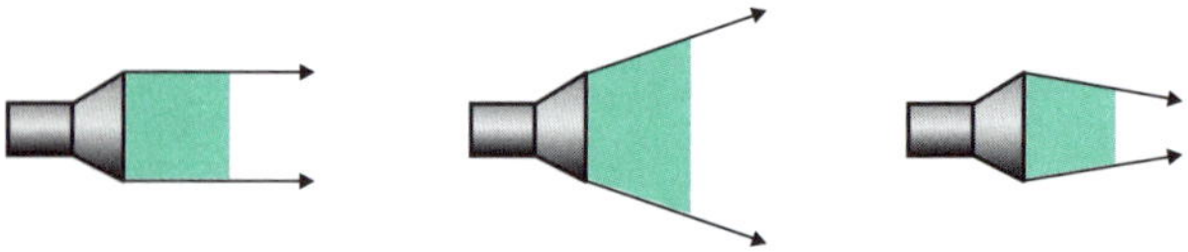

Um besondere Beleuchtungseffekte zu erzielen („Spotlight"), werden Lichtquellen häufig in ein lichtundurchlässiges Gehäuse gebracht, das eine Blendenöffnung hat. Doch selbst bei den kleinsten Öffnungen erhält man stets ein ***Lichtbündel***; ein Strahl ohne „Dicke" – so wie er in der Mathematik definiert wird – existiert physikalisch nicht.

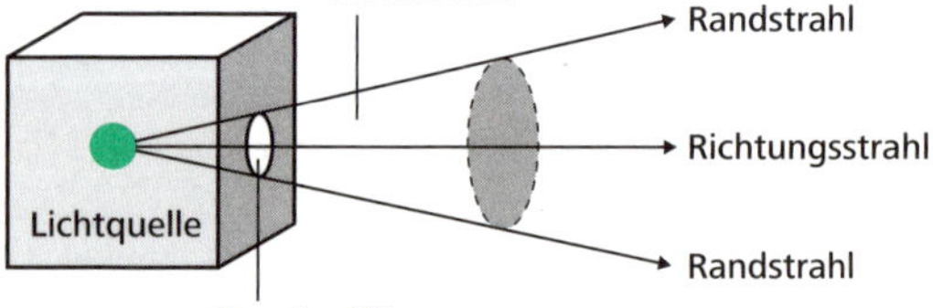

Trotzdem stellt man sich vor, dass jedes Lichtbündel aus unendlich vielen *Lichtstrahlen* besteht, und deutet dies an, indem man von Lichtbündeln nur einige ***Randstrahlen*** oder gar nur den ***Richtungsstrahl*** (= Strahl in der Mittelachse des Bündels) zeichnet.
Es hat sich gezeigt, dass es häufig genügt, nur den Verlauf des Richtungsstrahls zu verfolgen, das ihn umgebende Lichtbündel kann man sich vorstellen. Bei den folgenden Skizzen sind deshalb nur zwei Randstrahlen eines Lichtbündels oder gar nur der Richtungsstrahl eingezeichnet.
In solchen Fällen sagt der Physiker, dass er mit einem „Modell" arbeitet. Mit geeigneten Modellen lassen sich viele Naturerscheinungen *einfach* erklären und berechnen – aber nicht alle!

Ausbreitung der Lichtstrahlen

Die Ausbreitung von Lichtstrahlen gehorcht folgenden Gesetzmäßigkeiten:

- Von Lichtquellen breiten sich Lichtstrahlen nach allen Richtungen aus.
- Innerhalb eines lichtdurchlässigen Stoffes von gleichartiger Beschaffenheit (Glas, Wasser, Luft von einheitlicher Temperatur etc.) breiten sich Lichtstrahlen *geradlinig* aus. Dies gilt auch für die Lichtausbreitung im Vakuum.

Hinter lichtundurchlässigen Körpern entstehen deshalb Schattenräume. Schiebt sich beispielsweise der Mond zwischen die Verbindungsstrecke von Sonnen- und Erdmittelpunkt, so entsteht eine Sonnenfinsternis. Alle Bewohner der Erde, die vom Schattenkegel des Mondes „getroffen“ werden (etwa 200 km Durchmesser), sehen für Minuten die Sonne durch den Mond verdunkelt: Die nächste *totale* Sonnenfinsternis in Deutschland ist am 3. September 2081 zu beobachten. Viel häufiger, etwa zweimal im Jahr, ist eine Mondfinsternis zu beobachten; der Erdschatten dunkelt dann die Vollmondscheibe ab. Man kann sie von all jenen Orten sehen, wo gerade Nacht ist.

- Quer zu ihrer Ausbreitungsrichtung zeigen Lichtstrahlen keine Wirkung. So kann Licht, das nicht direkt in unser Auge eintritt, nicht wahrgenommen werden.
- Lichtstrahlen können einander ungestört durchkreuzen; dies gilt insbesondere auch für farbige Lichter.
- Der Weg eines Lichtstrahls kann prinzipiell auch in entgegengesetzter Richtung durchlaufen werden (wenn man die Lichtquelle und den Auftreffort vertauscht); man sagt kurz: Lichtwege sind umkehrbar.

Reflexion des Lichts

Wird ein Lichtbündel auf eine sehr glatte Oberfläche (Glas, Wasser, polierte Metallfläche etc.) gerichtet, so wird ein großer Anteil des Lichtes in eine *bestimmte* Richtung zurückgeworfen; man spricht von einer ***Reflexion*** des Lichts. Besonders groß ist der

Anteil des reflektierten Lichts bei Spiegeln. Die Vorzugsrichtung, in der das Licht reflektiert wird, beschreibt man durch die zwei Sätze des Reflexionsgesetzes.

Das Reflexionsgesetz

1. **Der Reflexionswinkel β ist gleich dem Einfallswinkel α: $\beta = \alpha$.**
2. **Der einfallende Strahl und das Einfallslot im Auftreffpunkt liegen stets in einer Ebene senkrecht zur spiegelnden Fläche.**

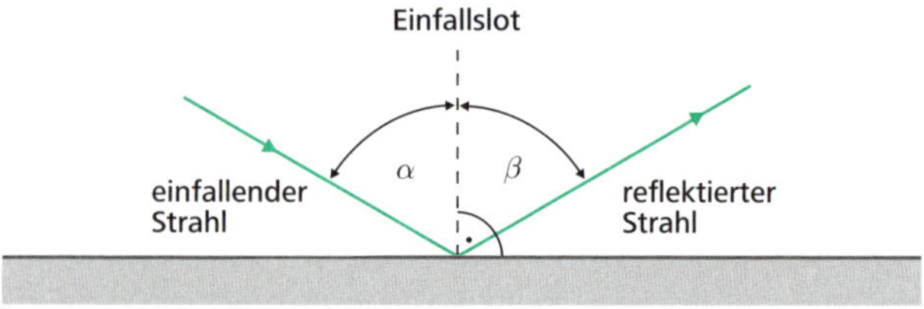

Bei senkrechtem Einfall ($\alpha = 0°$) wird der Lichtstrahl in sich selbst reflektiert. Einfallender Strahl, reflektierter Strahl und das Lot fallen dann zusammen.

BEACHTE Die Winkel werden stets zum Einfallslot hin gemessen! Auch bei rauen Oberflächen findet eine Reflexion des Lichts statt. Hier gibt es jedoch keine besondere Vorzugsrichtung: Man spricht in diesem Fall von Streuung.

Lichtbrechung

Hält man einen Trinkhalm schräg in ein Glas und blickt von oben auf die Flüssigkeit, so sieht der Trinkhalm „geknickt" aus. Diese Täuschung beruht auf der sogenannten *Brechung* der Lichtstrahlen an der Flüssigkeitsoberfläche. – Die Erklärung im Einzelnen: Tritt Licht aus einem Stoff kommend in einen anderen Stoff ein (z. B. von Luft nach Wasser oder von Glas nach Luft), so erfährt der Lichtstrahl *an jeder Grenzfläche* der beiden Stoffe einen Richtungsknick; man spricht von ***Brechung***. Bei einem senkrechten Auftreffen entfällt der Knick, anders gesagt: Der senkrecht auf die Grenzfläche treffende Lichtstrahl wird nicht gebrochen.

Man unterscheidet 2 Fälle:

1. Ist $\beta < \alpha$, so sagt man: Die Brechung erfolgt *zum Lot hin* und das Medium 2 ist im Vergleich zu Medium 1 *optisch dichter*.
2. Ist $\beta > \alpha$, so sagt man: Die Brechung erfolgt *vom Lot weg* und das Medium 2 ist im Vergleich zu Medium 1 *optisch dünner*.

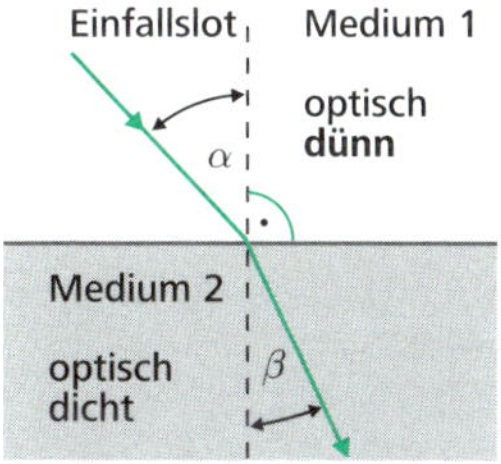

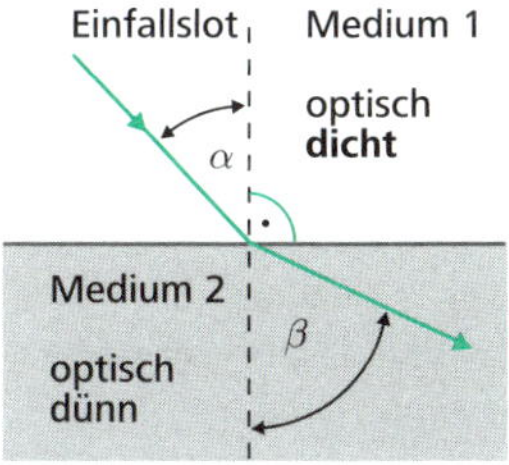

Im Vergleich zu Luft (und Vakuum) sind Wasser, Glas, Plexiglas optisch dichter.

BEACHTE Das Licht kommt immer vom Medium 1 und geht nach der Brechung im Medium 2 weiter; innerhalb der beiden Medien verläuft es geradlinig.
Auf unseren Bildern können die Pfeilspitzen umgekehrt werden, auch für die Brechung gilt die Umkehrbarkeit der Lichtwege (↗ Ausbreitung der Lichtstrahlen, S. 75).

Das Brechungsgesetz

Für den Zusammenhang zwischen dem Einfallswinkel α und dem Brechungswinkel β gilt – bei einem Übergang des Lichts von einem optisch dünneren in einen optisch dichteren Stoff – zwar: je größer α, desto größer auch β, jedoch besteht zwischen diesen beiden Größen keine Proportionalität.

In mathematischer Form lautet das ***Brechungsgesetz***:

$\frac{\sin \alpha}{\sin \beta} = \text{konstant} = n,$

der Quotient aus dem Sinus der beiden Winkel ist konstant, er wird als ***Brechzahl*** bezeichnet.

Bei einem Lichtübergang von Luft nach Wasser beträgt die Brechzahl $n = 1{,}33\ldots \approx \frac{4}{3}$; von Wasser nach Luft beträgt sie $n \approx \frac{3}{4} = 0{,}75$. Brechzahlen für weitere *Stoffpaare* findet man in physikalischen Tabellenbüchern.
Auch bei der Brechung liegen einfallender Strahl, gebrochener Strahl und das im Auftreffpunkt errichtete Lot in einer Ebene.

Totalreflexion

Beim Übergang von einem optisch dichteren in ein optisch dünneres Medium (z. B. von Wasser nach Luft) ist der Brechungswinkel β stets größer als der Einfallswinkel α.

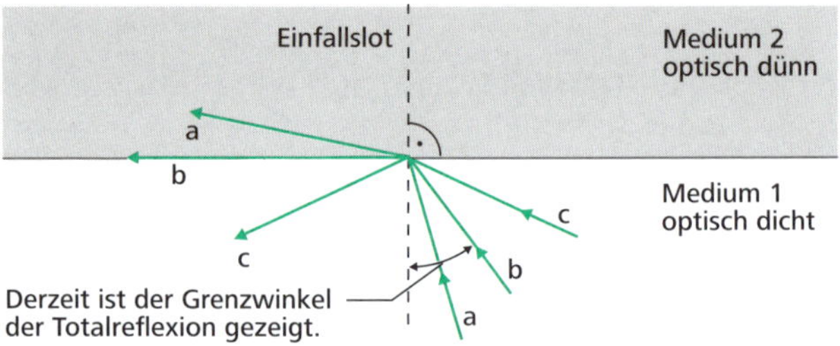

In diesem Fall wird bei $\alpha = 49°$ der größtmögliche Brechungswinkel $\beta = 90°$ erreicht (der gebrochene Lichtstrahl streift die Grenzfläche, Fall b auf dem Bild). Der zugehörige Einfallswinkel α wird als ***Grenzwinkel*** α_{grenz} bezeichnet.
Vergrößert man den Einfallswinkel $\alpha > \alpha_{grenz}$, so wird das Licht nicht mehr gebrochen (es tritt nicht in das dünnere Medium ein, Fall c auf dem Bild), sondern es wird an der Grenzfläche *vollständig* reflektiert. Man spricht von ***Totalreflexion*** – es gilt das Re-

flexionsgesetz. Die Grenzfläche zur Luft wirkt dann wie ein Spiegel.
Von der Totalreflexion macht man bei vielen optischen Geräten Gebrauch. Die modernen Lichtfaserkabel, die Telefongespräche und Fernsehprogramme übertragen, geben die Information durch Licht weiter, das von der Wandung des Kabels zurück ins Kabel totalreflektiert wird und so das Kabel nicht verlassen kann.

MERKE Totalreflexion tritt nur unter folgenden Bedingungen auf:
1. Bei einem Übergang des Lichts von einem optisch dichteren nach einem optisch dünneren Medium,
2. wenn der Einfallswinkel größer ist als ein Grenzwinkel, der von der Brechzahl abhängt.

6.2 Mit Licht erzeugte Bilder

Projektoren, Fotoapparate, aber auch Brillen, Fernrohre, Mikroskope etc. erzeugen *optische Bilder*. Optische Bilder unterscheiden sich stets in einigen Eigenschaften vom Original: Sie sind vergrößert oder verkleinert, oft seitenvertauscht und immer zweidimensionale Abbilder des räumlichen Originals. Man unterscheidet 2 Arten von optischen Bildern: Bilder, die man auf Bildschirme, Filme oder ein Blatt Papier scharf abbilden kann, nennt man ***reelle Bilder***. Sie entstehen, wenn in optischen Geräten, wie Fotoapparate oder Projektoren, konvergente Lichtbündel (↗ S. 74) erzeugt werden.

Optische Bilder, wie z. B. unser Abbild in einem Spiegel, kann man ohne weitere Hilfsmittel nicht direkt auf einem Schirm auffangen. Man nennt sie ***virtuelle Bilder***. Bei ihnen macht erst die Linse des Auges oder die eines Fotoobjektivs das ursprünglich divergente Lichtbündel (durch Brechung, ↗ S. 76) konvergent.

Für Bilder, die wir mit dem Auge aufnehmen, haben wir eine besondere Erfahrung erworben:
Leuchtende Gegenstände, von deren Punkten Lichtbündel in unser Auge gelangen, „sehen wir vor uns“. Dabei verfolgen wir (in Gedanken) die einfallenden divergenten Lichtbündel geradlinig (entgegen der Lichtausbreitungsrichtung) bis zu ihrer Spitze. Dort erwarten wir den wirklichen Ort des Originals und greifen auch dahin. Diese Fähigkeit erwerben wir in den ersten Lebensmonaten, in der Regel hat sie Erfolg. Wird jedoch das Lichtbündel auf dem Weg zu unserem Auge an einem Spiegel reflektiert oder erfährt es eine Brechung, dann wird dieser „Automatismus“ in die Irre geführt und wir greifen ins Leere.

Bilder einer Lochkamera (Camera obscura)

Steht eine Kerze in einigen cm Abstand vor einer Wand, so erhellt sie diese, man sieht jedoch kein irgendwie geartetes Bild der Kerze auf der Wand. Die von den unzählig vielen Lichtpunkten der Kerze ausgehenden Lichtbündel durchdringen einander und erzeugen auf der Wand „Kleckse“, die sich überdecken. Soll ein Bild entstehen, so müssen die Kleckse in einer geordneten Form nebeneinander zu liegen kommen.

Gezeichnet sind nur zwei von der Kerzenflamme ausgehende Lichtbündel 1 und 2.

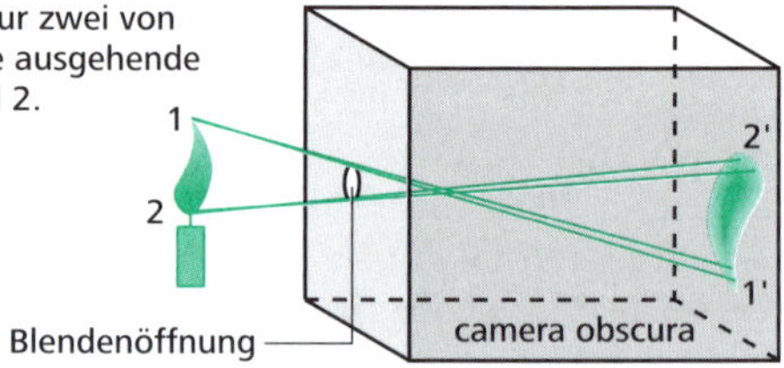

In der einfachsten Weise bewerkstelligt man das mit einer Lochblende zwischen Kerze und Wand. Den Effekt kann man gelegentlich in einem verdunkelten Zimmer (*Camera obscura*) beobachten, wenn durch eine kleine Öffnung Licht von der Außenwelt hereinkommt. Auch aus einer allseitig geschlossenen Pappschachtel, bei der in eine Seitenfläche ein kleines Loch eingestochen wurde, lässt sich eine ***Lochkamera*** (ohne Linsen!) bauen. Je kleiner die Öffnung, desto schärfer wird das Bild, da die Lichtkleckse kleiner werden und sich weniger überlappen. Gleichzeitig wird jedoch die Kamera lichtschwächer, da weniger Licht durch die Öffnung kommt. Der Vorteil der Lochkamera: Sie benötigt keine Schärfeeinstellung!

Spiegelbilder

Wer in einen Spiegel blickt, sieht sein *Spiegelbild*. Wo ist der Ort dieses Bildes – im Spiegel oder dahinter?

Fällt ein Lichtbündel, das von einem leuchtenden Punkt eines Gegenstands ausgeht, auf eine Spiegelfläche, so werden alle Strahlen so reflektiert, wie es das Reflexionsgesetz (↗ S. 76) beschreibt. Unser Bild für die Randstrahlen zeigt, dass ein divergentes Lichtbündel nach der Reflexion weiterhin divergent bleibt. (Es wird sogar noch weiter auseinanderlaufen, deshalb kann kein reelles Bild vor dem Spiegel aufgefangen werden). Fällt jedoch ein Teil des Lichtbündels in das Auge des Betrachters, so verfolgt er (unwillkürlich) die Strahlenrichtung in geradliniger Weise und sucht an ihrem Schnittpunkt (an der Spitze des Strahlenkegels) den Ort des Gegenstands (↗ S. 84 ff.). Wie das Bild zeigt, liegt dieser Punkt hinter dem Spiegel. Wir sehen deshalb ein virtuelles Spiegelbild mit genau dem Abstand *hinter* dem Spiegel „im Raum schweben“, den wir selbst zum Spiegel haben. Auch an gekrümmten Spiegelflächen wird das Licht reflektiert und es entstehen Spiegelbilder.

6

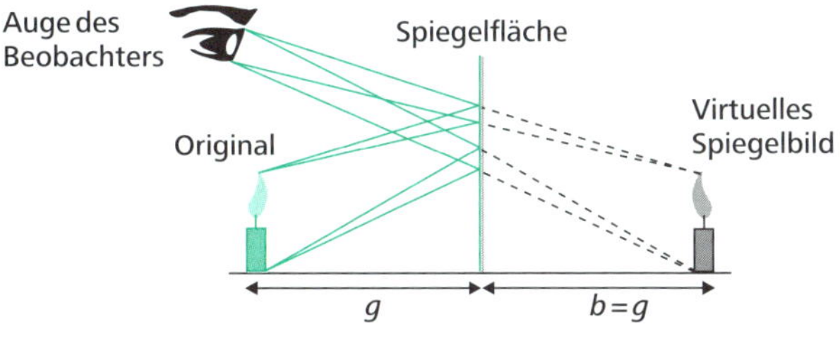

Für Rückspiegel bei Fahrzeugen verwendet man gerne ***Wölbspiegel*** (*Konvexspiegel*), in denen man in verkleinerter Weise einen umfassenden „Rückblick“ hat. Es ist ein virtuelles Bild. In sogenannten Rasierspiegeln oder manchen Kosmetikspiegeln kann man sich vergrößert betrachten. Diese Spiegel sind ***Hohlspiegel*** (*Konkavspiegel*), deren Wölbung nach innen verläuft. Man darf allerdings nicht zu weit vor dem Spiegel stehen, wenn man sein vergrößertes (virtuelles) Bild sehen will.

Bilder mit Linsen

Fast alle optischen Geräte enthalten mehrere Linsen – Glaskörper in „linsenförmiger“ Gestalt. An jeder ihrer Grenzflächen zur umgebenden Luft tritt Lichtbrechung (↗ S. 76) auf. Diesen Glaskörpern hat man durch Schleifen eine Form gegeben, sodass auffallende Lichtbündel nach der Brechung die erwünschte Richtung haben.
Einfache Linsen sind um *die optische Achse* (= Achse durch den Mittelpunkt der Linse) rotationssymmetrisch. Daher genügt es, eine Schnittebene durch die optische Achse zu betrachten (↗ Abbildungen S. 83 und S. 84).

Sammellinsen

Sammellinsen (sie werden auch als *Konvexlinsen* bezeichnet) „bündeln“ das Licht; ihr Glaskörper ist in der Mitte dicker als am Rand. Bei einer Linse oder einem Brillenglas stellt man dies fest, indem man Linse oder Brille in das parallele Sonnenlicht hält und überprüft, ob sich das Licht auf einen Punkt konzentrieren lässt.

VORSICHT In diesem ***Brennpunkt*** ist die Temperatur so hoch, dass Gegenstände eventuell entzündet werden!

Brechung eines Parallellichtbündels an einer Sammellinse

Auf dem Bild sind die Randstrahlen eines parallelen Lichtbündels zu sehen sowie der sogenannte *Mittelpunktstrahl*, der nach der ersten Brechung durch den Linsenmittelpunkt *M* geht. Es ist zu beachten, dass jeder Randstrahl bei den beiden Brechungen im gleichen Richtungssinn gebrochen wird und dass der ***Mittelpunktstrahl*** seine ursprüngliche Richtung – etwas parallel versetzt – beibehält. Weitere Parallellichtbündel unter anderen Einfallswinkeln werden ebenfalls gebündelt. Der Schnittpunkt der nach der Brechung konvergenten Lichtbündel liegt stets in einer gemeinsamen Ebene, der sogenannten ***Brennebene***. Ihr Abstand zur Mittelebene der Linse wird ***Brennweite*** genannt. Die Brennweite einer Linse hängt von den Krümmungsradien und der Brechzahl der verwendeten Glassorte ab.

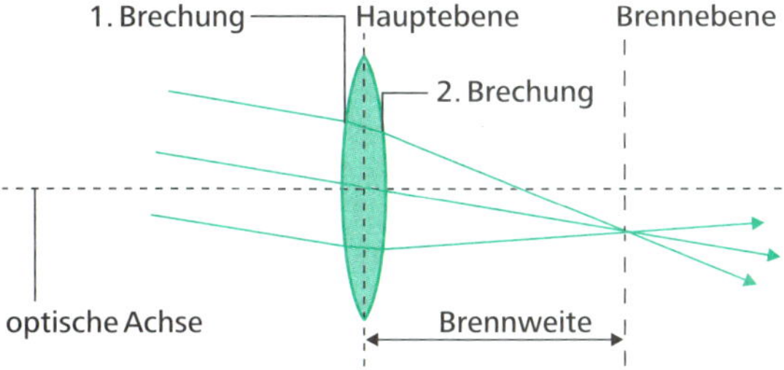

Das Bild auf Seite 84 zeigt den Sonderfall eines Parallellichtbündels, das zudem *parallel zur optischen Achse* einfällt.

Wir wollen nun eine zeichnerische Vereinfachung einführen, die für (im Vergleich zu ihrem Durchmesser) dünne Linsen Ergebnisse liefert, die mit der Wirklichkeit genügend genau übereinstimmen (↗ Bild auf S. 85). Die Lichtstrahlen werden zweimal mit gleichem Richtungssinn gebrochen, daher kann man mit folgendem Modell Linsenbilder konstruieren:
Man zeichnet den einfallenden Lichtstrahl *geradlinig* durch bis zur Mittelebene der Linse – die auch als *Hauptebene* bezeichnet wird – und fügt dort den gebrochenen Strahl an (↗ Bild auf S. 85). Die zweimalige Brechung an den Grenzflächen wird durch einen einmaligen Knick an der Hauptebene der Linse ersetzt! Da

6

die *Glasoberflächen* der Linse dann keine Bedeutung mehr haben, werden diese auf einer Zeichnung meist weggelassen (oder nur noch an den Enden angedeutet). Man zeichnet lediglich die Hauptebene der Linse, die optische Achse und die beiden *Brennpunkte* ein.

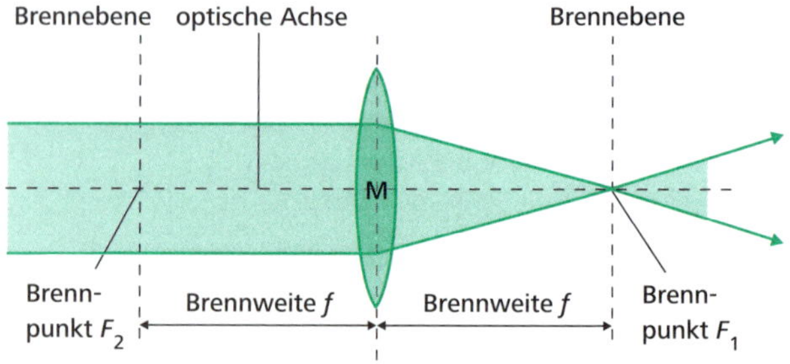

Nach der Brechung gehen alle Strahlen durch einen Punkt der optischen Achse. Dieser Schnittpunkt der Brennebene mit der optischen Achse wird als Brennpunkt F (oder als Focus) bezeichnet. Da die Linse auch umgedreht werden kann, besitzt sie – symmetrisch zu M – einen weiteren Brennpunkt.

Regeln zur Konstruktion von optischen Bildern mit Sammellinsen (Methode der ***Dreistrahlen-Konstruktion***):
Da der Durchmesser der Linse für die Konstruktion der Linsenbilder keine Rolle spielt, können wir die Hauptebene der Linse in der Skizze beliebig groß zeichnen bzw. uns beliebig groß denken.

- Ein *achsenparallel einfallender Strahl* (1) – er läuft parallel zur optischen Achse – wird derart gebrochen, dass er zu einem Brennstrahl wird. (Er geht anschließend durch den jenseitigen Brennpunkt der Linse.)
- Ein *Mittelpunktstrahl* (2) – er läuft durch den Mittelpunkt der Linse – geht praktisch *ungebrochen* hindurch. (Er wird etwas parallel versetzt. Dies kann bei dünnen Linsen vernachlässigt werden.)

- Ein *Brennstrahl* (3) – er geht durch den diesseitigen Brennpunkt – wird nach der Brechung zu einem *achsenparallelen Strahl*. Er verkörpert die Umkehrung zu (1).

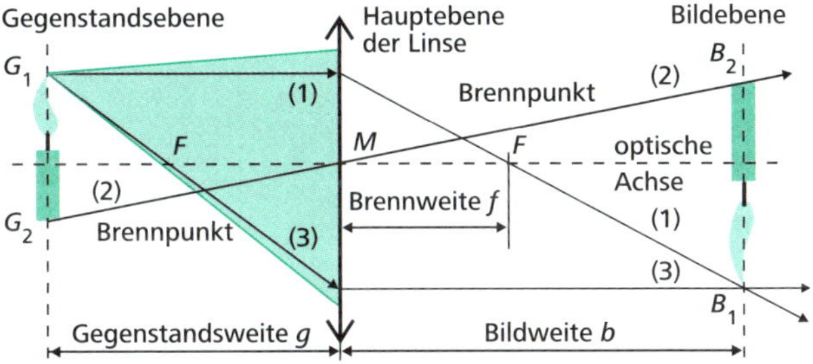

Dabei ist es für die Konstruktion unwichtig, ob die verwendeten Strahlen tatsächlich durch die Linse gehen, doch muss für ein reelles Bild die Gegenstandsweite g größer als die Brennweite f sein.

Zur Bildkonstruktion markieren wir bei dem leuchtenden Gegenstand (auf dem Bild eine Kerze) zwei Gegenstandspunkte G_1 und G_2; ihr Abstand kennzeichnet die ***Gegenstandsgröße*** G.
Um den zu G_1 zugehörigen Bildpunkt B_1 zu erhalten, wählen wir aus dem in der Skizze farbig unterlegten Lichtbündel zwei besondere Strahlen aus: einen Parallelstrahl (1) und den Brennstrahl (3), für die wir nach den angeführten Regeln (1) und (3) die gebrochenen Strahlen konstruieren können. Der Schnittpunkt der beiden gebrochenen Strahlen liefert den gesuchten Bildpunkt B_1.
Damit kennen wir auch die Bildebene – eine Ebene durch B_1, orthogonal zur optischen Achse –, auf der alle weiteren Bildpunkte liegen, also auch B_2. Am einfachsten gewinnen wir jetzt B_2, indem wir von G_2 aus einen Mittelpunktstrahl zeichnen, der bekanntlich geradlinig die Linsenmitte durchsetzt. Sein Schnittpunkt mit der Bildebene ist B_2.
Damit sind die Ausmaße des Bilds bekannt; die Länge der Strecke $\overrightarrow{B_1B_2}$ nennt man ***Bildgröße*** B.

Aus der Konstruktionsskizze kann der Abbildungsmaßstab A entnommen werden:

$$A = \frac{B}{G} = \frac{b}{g}.$$

ANMERKUNG Für Gegenstandsweiten g kleiner als die Brennweite f der Linse liefert die Dreistrahlen-Konstruktion divergierende Lichtbündel; es entsteht also kein reelles Bild. Das virtuelle Bild auf der Seite des Gegenstands kann jedoch mit dem Auge wahrgenommen werden (↗ Lupe, S. 91).

Die folgende Tabelle liefert für verschiedene Gegenstandsweiten eine Übersicht über die optischen Bilder, die mit einer Sammellinse erzeugt werden können:

Fall *	Gegenstandsweite g	Bildweite b	Bild	Anwendung
1	$g > 2f$	$f < b < 2f$	reell, $B < G$	Fotoapparat
2	$g = 2f$	$b = 2f$	reell, $B = G$	Kopierer
3	$f < g < 2f$	$b > 2f$	reell, $B > G$	Diaprojektor
4	$g < f$	$(b < 0)$	virtuell, vergrößert	Lupe

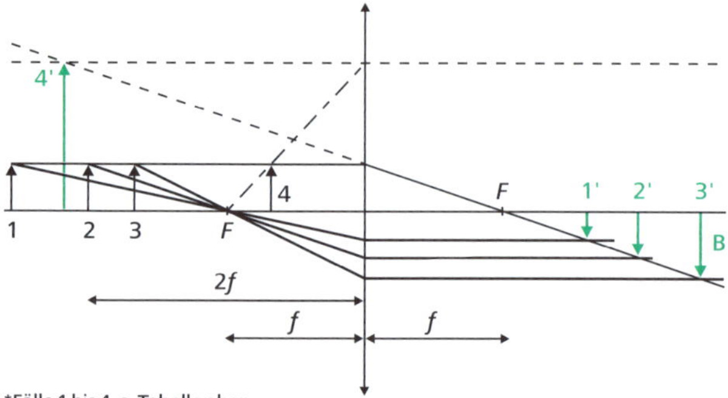

*Fälle 1 bis 4, s. Tabelle oben

Abbildungsgesetz (Linsenformel)

Den mathematischen Zusammenhang zwischen den 3 Streckenlängen: Bildweite b, Gegenstandsweite g und der Brennweite f einer Linse kann man an einer Dreistrahlen-Konstruktion ableiten. Strahlensätze der Mathematik ergeben für das Verhältnis von Streckenlängen die Gleichung (1), woraus durch Umformungen die Gleichungen (2) und (3) gewonnen werden:

$$f : (g - f) = (b - f) : f \qquad (1)$$

$$(g - f)\,(b - f) = f^2 \qquad (2)$$

$$\frac{1}{g} + \frac{1}{b} = \frac{1}{f} \qquad (3)$$

Die Letztere kann dann jeweils nach einer der gesuchten Größen b, g oder f aufgelöst werden, z. B.:

$$b = \frac{f \cdot g}{g - f} \text{ oder } g = \frac{fb}{(b - f)} \text{ und } f = \frac{gb}{(b + g)}.$$

Alle Größen sind dabei mit positiven Werten einzusetzen. Ergibt die Rechnung ein negatives Ergebnis, so liegt der Fall eines virtuellen Bildes vor.

Zerstreuungslinsen

Linsen, deren Glas in der Mitte dünner ist als am Rand, zerstreuen das Licht. Parallele Lichtbündel, die auf solche ***Zerstreuungslinsen*** (auch als *Konkavlinsen* bezeichnet) auffallen, sind nach der Brechung divergent, und die Randstrahlen von divergenten Lichtbündeln laufen nach der Brechung noch weiter auseinander. Man erhält deshalb hinter Zerstreuungslinsen keine reellen Bilder. Es können jedoch virtuelle Bilder (↗ S. 86) beobachtet werden; so sieht man die Welt verkleinert, wenn man durch eine Zerstreuungslinse hindurchschaut.

Die Objektive von teureren Fotoapparaten enthalten neben Sammellinsen auch Zerstreuungslinsen; man kann damit Abbildungsfehler von Linsen verringern und schärfere Bilder erhalten. Auch viele Brillenträger benötigen Zerstreuungslinsen, um ihre Kurzsichtigkeit (↗ S. 89) zu korrigieren.

6.3 Geräte, die „mit Licht arbeiten"

Auge

Unser Auge ist – physikalisch gesehen – ein optisches Gerät, in dem (ähnlich einem Fotoapparat) verkleinerte, reelle Bilder unserer leuchtenden Umwelt auf die Netzhaut im Augapfel projiziert werden. Dabei besitzt es – wie teure Fotoapparate auch – mit der veränderlichen Pupillenöffnung eine „automatische Blende". Diese Fähigkeit wird als *Adaption* bezeichnet. Durch die variable Brennweite der Augenlinse wird eine „automatische Schärfeeinstellung" bewirkt. Diese Fähigkeit wird *Akkommodation* genannt.

Schematische Darstellung des menschlichen Auges

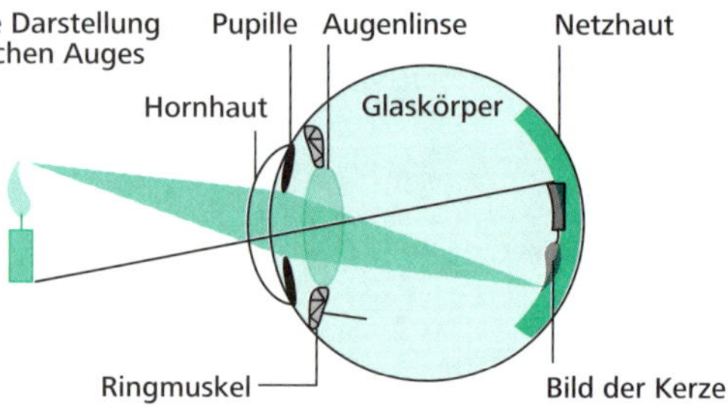

Das menschliche Auge ist ein nahezu kugelförmiger Körper mit einer kreisrunden, lichtdurchlässigen Öffnung, der Pupille. Die nach außen gekrümmte Hornhaut bildet die Grenzfläche zwischen der Luft und der Augenflüssigkeit und ist eine Sammellinse. Ihre lichtbündelnde Wirkung wird durch die dahinter liegende Augenlinse verstärkt. Diese Linse ist elastisch und kann durch einen sie umgebenden Ringmuskel in ihrer Krümmung verändert werden. Im „entspannten Zustand" des Auges ist die Linse schwach gekrümmt; wir sehen weit entfernte Gegenstände scharf. Wollen wir dagegen Gegenstände in unserer Nähe betrachten, so müssen wir die Linse stärker krümmen – die Brennweite verkleinern. Nach der Brechung an Hornhaut und Linse gelangt das Licht durch den Glaskörper auf die Netzhaut des Auges, die lichtempfindliche Sinneszellen (Stäbchen für das Hell-Dunkel-Sehen und Zäpfchen für das Farbensehen) enthält.

Augenfehler und Brillengläser

Mit zunehmendem Alter verliert die Augenlinse nach und nach ihre Elastizität. Dadurch wird die Möglichkeit der *Akkommodation* eingeschränkt. Es gibt aber auch angeborene Augenfehler. So kann der Augapfel einige Millimeter kürzer oder länger sein als die üblichen 24 mm. In all diesen Fällen kann die Bildebene nicht auf die Fläche der Netzhaut gebracht werden; man sieht unscharf. Mit Brillen kann man – in gewissen Grenzen – diese Mängel korrigieren.

Wer *kurzsichtig* ist, kann eventuell noch ohne Brille lesen. Weit entfernte Gegenstände nimmt er nur verschwommen wahr, da die Bildweite seines Auges kleiner als der Abstand von der Hornhaut zur Netzhaut ist, auch wenn seine Augenlinse die ihr mögliche geringste Krümmung annimmt. Eine Brille mit Zerstreuungslinsen kann hier helfen.

Bei ***Weitsichtigkeit*** ist es gerade umgekehrt, der Augapfel ist verkürzt oder die Augenlinse kann nicht mehr genügend gekrümmt werden. Hier unterstützt eine Brille mit Sammellinsen die lichtbündelnde Wirkung der „natürlichen“ Linsen, sodass die Brennweite insgesamt verkleinert wird.

Augenoptiker geben die „Stärke“ eines Brillenglases in ***Dioptrien*** (abgekürzt: dpt) an. Statt der Brennweite f benützen sie dessen Kehrwert $D = \frac{1}{f}$, der als ***Brechwert*** bezeichnet wird.

Für seine Einheit gilt: $1\,\text{dpt} = \frac{1}{\text{m}} = \left(\frac{1}{\text{Meter}}\right)$.

Eine Sammellinse von $f = 0{,}25$ m Brennweite hat einen Brechwert von $D = \frac{1}{0{,}25\ \text{m}} = +\,4\,\text{dpt}$. Zerstreuungslinsen erhalten negative Brechwerte.

Fotoapparat

Klassische Fotoapparate enthielten in einem lichtundurchlässigen Gehäuse einen Mechanismus für den Filmtransport, einen Verschluss, der sich für Bruchteile von Sekunden öffnen lässt, und als wichtigstes optisches Bauteil ein ***Objektiv***, das neben Linsen auch eine Blendenvorrichtung enthält. Das Objektiv einer Kamera hat auch heute noch die Aufgabe, auf dem optischen Chip ein reelles optisches Bild zu erzeugen. In den allereinfachsten Kameras („Box") genügt dazu eine einzige Sammellinse.

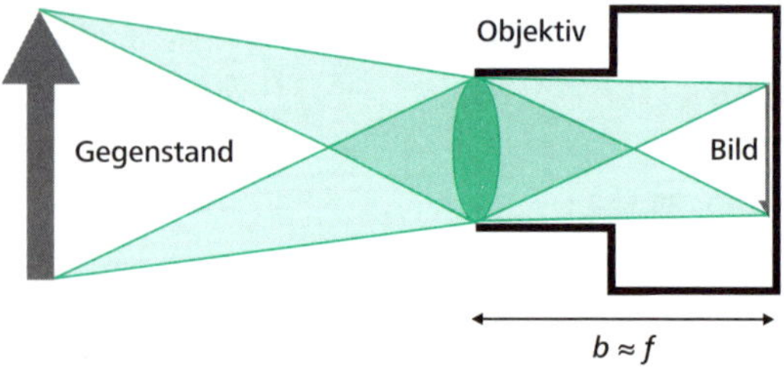

Damit ein scharfes Foto entsteht, muss stets der Abstand von der Objektivlinse zur Chipebene gleich der Bildweite b sein. Diese Distanz hängt, neben der Brennweite f, von der Gegenstandsweite g ab (↗ Linsenformel, S. 87). Deshalb haben fast alle Kameras (von den einfachsten mit *Fixfocus* abgesehen) eine Entfernungseinstellung. Durch Drehen an einem Ring kann – entweder per Hand oder automatisch durch einen Motor („*Autofocus*") – die Bildweite verändert werden.

Dia- und Arbeitsprojektor

Dia- und Arbeitsprojektoren (auch als *Overheadprojektoren* bezeichnet) projizieren mithilfe eines Objektivs (das heute immer aus mehreren Linsen besteht) Bilder von transparenten Vorlagen auf eine Wand. Um möglichst helle Bilder zu erhalten, haben die Projektoren sehr leuchtstarke Lampen, deren Wärme durch eine Kühlvorrichtung abgeführt werden muss. Für eine gleichmäßige Ausleuchtung des Dias oder der Folie wird das rückwärtige Licht der Lampe per Hohlspiegel gebündelt und durch eine *Kondensorlinse* parallel gerichtet.

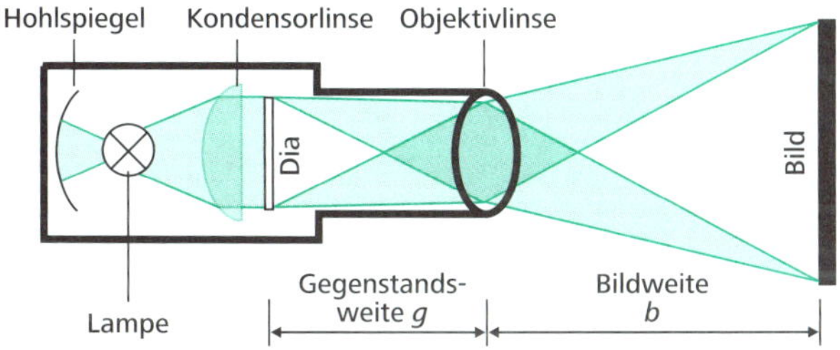

Bei einem Arbeitsprojektor wird die Folie waagrecht aufgelegt und der Strahlengang vor dem Objektiv durch einen Umlenkspiegel um 90° gedreht.

Lupe, Sehwinkel

Wenn wir Strukturen von kleinen Gegenständen besser erkennen wollen, versuchen wir möglichst nahe an die Gegenstände heranzugehen. Dann vergrößert sich der ***Sehwinkel***, das Bild auf der Netzhaut unseres Auges wird größer. Unter dem „Sehwinkel" versteht man in der Optik den Winkel, unter dem uns – vom Augenmittelpunkt aus gesehen – ein vor uns stehender Gegenstand erscheint. Unterschreiten wir dabei den sogenannten ***Nahpunkt***, so sehen wir unscharf bzw. ermüden rasch. – Mit „Nahpunkt" wird die kleinstmögliche Entfernung vom Auge zu einem Gegenstand bezeichnet, bei der wir – ohne Anstrengung der Augenmuskulatur – beispielsweise kleine Schriften lesen können. Dieser Nahpunkt liegt für Kinder bei etwa 10 cm, für Erwachsene bei 25 cm bis 50 cm.

Bei Unschärfe oder raschem Ermüden hilft eine Lesebrille oder eine ***Lupe***, um bei einer Unterschreitung des Nahpunkts den Sehwinkel zu vergrößern. Lupen sind stets Sammellinsen, die die Brechung unserer Augenlinse unterstützen. Sie sollten direkt vor das Auge gehalten werden.

Wie der Eindruck eines vergrößerten Bildes zustande kommt, zeigt schematisch das folgende Bild.

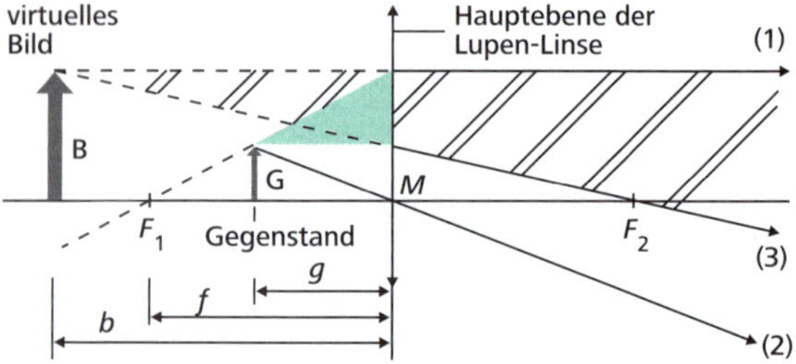

BEACHTE Die Gegenstandsweite ist kleiner als die Brennweite der Linse: $g < f$. Die Dreistrahlen-Konstruktion (↗ S. 84) liefert für den Brennstrahl (1) und den Parallelstrahl (3) nach der Brechung ein noch weiter divergierendes Lichtbündel. Fällt ein Teil dieses Lichtbündels in unser Auge (es ist auf dem Bild nicht eingezeichnet), so suchen wir den Ort des Gegenstands – die Pfeilspitze des Gegenstands – an der Spitze des schraffierten Lichtkegels: Er liegt auf der gleichen Seite der Linse wie der Gegenstand. Beachte die Lage und die Größe des virtuellen Bildes B. Bei einem Blick durch die Linse sieht man das seitenrichtige, vergrößerte Bild des Gegenstands G.

MERKE Die Vergrößerung des Sehwinkels einer Lupe lässt sich aus folgender Näherungsformel errechnen:

$$V \approx \frac{25\,\text{cm}}{f}.$$

Fernrohr, Mikroskop

Um kleinste Einzelheiten von Gegenständen erkennen zu können, müssen sie unter einem sehr großen Sehwinkel (↗ S. 91) erscheinen. Mikroskope und Fernrohre (Ferngläser) sind optische Geräte, die den Sehwinkel vergrößern. Beide Geräte bestehen (im Prinzip) aus 2 Sammellinsen. Ein Fernrohr mit 2 Sam-

mellinsen heißt *astronomisches Fernrohr* oder auch ***Kepler'sches Fernrohr***. Die dem Objekt zugekehrte Linse des Objektivs erzeugt ein reelles *Zwischenbild* im Tubus des Geräts. Dies wird jedoch nicht auf einen Schirm projiziert, sondern als frei im Raum schwebendes Bild durch eine Lupe (im Okular) betrachtet. Die Vergrößerung des Sehwinkels geschieht also in zwei Stufen und kann beim Mikroskop einen Faktor bis knapp über 1000 erreichen, bei einem astronomischen Fernrohr bis etwa 300. Vergrößert das Objektiv eines Mikroskops 50-fach und das Okular 10-fach, so beträgt die Gesamtvergrößerung $50 \cdot 10 = 500$.
Eine Sonderform des Fernrohrs ist das *Holländische Fernrohr* (auch als ***Galilei'sches Fernrohr*** bezeichnet). Bei diesem Typ enthält das Okular eine *Zerstreuungslinse*, es liefert seitenrichtige Bilder. Da jedoch keine allzu großen Vergrößerungen erreicht werden, bleibt sein Einsatz auf wenige Fälle beschränkt („Opernglas"). Es hat jedoch den Vorteil, dass seine Tubuslänge sehr gering ist und es somit bequem in eine Manteltasche passt. Bei einem Kepler'schen Fernrohr ist die Tubuslänge gleich der Summe der Brennweiten von Objektiv und Okular: $l = f_{\text{Obj}} + f_{\text{Ok}}$; beim Galilei'schen Fernrohr beträgt die Länge: $l = f_{\text{Obj}} - f_{\text{Ok}}$.

6

6.4 Erst durch Licht wird die Welt farbig

Das Licht der Sonne, aber auch das Licht von Glühlampen bei Nacht erscheint uns weiß (besser: farblos).

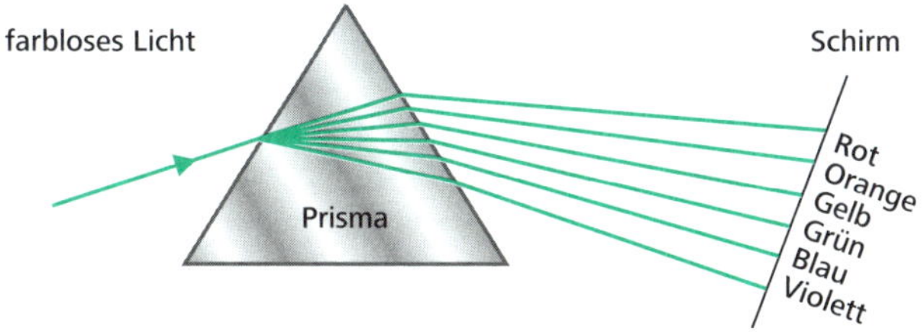

Fällt ein schmales Lichtbündel farblosen Lichts durch ein Prisma aus Glas, so wird es an jeder Grenzfläche (also zweimal) gebrochen. Dadurch wird es aus seiner ursprünglichen Richtung abgelenkt und „aufgespreizt". In größerer Entfernung erhält man auf einem Schirm ein buntes Lichtband. Diese bei der Brechung auftretende „Auffächerung" nach Farben wird als ***Dispersion*** bezeichnet; sie hängt von der Glassorte ab. Gelegentlich kann man sie auch an Glaswaren im Haushalt beobachten, wenn diese Einschliffe haben oder wenn ein Glasteil abgesprungen ist.

Spektrum

Die Farbfolge in diesem Lichtband ist vom Regenbogen her bekannt: Rot, Orange, Gelb, Grün, Blau, Violett (mit fließenden Übergängen). Man nennt es ***Spektrum***, die farbigen Lichter darin ***Spektralfarben***. Bündelt man diese Spektralfarben mithilfe einer Sammellinse, so erhält man auf dem Schirm einen weißen Fleck. Dieser Versuch zeigt, dass das Licht nicht durch das (farblose!) Glas des Prismas eingefärbt worden sein kann, die farbigen Lichtanteile waren bereits im farblosen Licht enthalten. Farbloses Licht setzt sich aus farbigen Lichtern zusammen; *in unserem Auge* entsteht der farblose Eindruck. Das Spektrum hinter einem Prisma kommt dadurch zustande, dass die im farblosen Licht enthaltenen farbigen Lichter verschieden stark gebrochen werden, rote am wenigsten, violette am stärksten. Führt man ein zweites Prisma durch ein Spektrum, so werden die auffallenden farbigen Lichter zwar gebrochen, jedoch nicht weiter (nach Farben) aufgespalten. Spektralfarben sind ***reine Farben***. Die Farben des Regenbogens entstehen durch Brechung (mit Dispersion) des Sonnenlichts an kleinen Wassertröpfchen.

Additive Mischung farbiger Lichter

Wenn man aus einem Farbspektrum eine einzelne Farbe ausblendet und das restliche Licht (mit einer Sammellinse) bündelt, erhält man weiterhin farbiges Licht. Die Farbe dieses *Mischlichts* und die Farbe des ausgeblendeten Lichts bilden ein Paar von

Komplementärfarben. Unser Auge kann aufgrund des Farbeindrucks nicht entscheiden, welche der Farben rein und welche durch Mischung entstanden ist. Das Mischen *farbiger Lichter* nennt man additive Mischung oder ***Farbaddition***. Das farbige Fernsehbild entsteht aus (nur!) drei Grundfarben: Rot, Grün und Blau. Durch additive Mischung der farbigen Lichter in unserem Auge entstehen die weiteren Mischfarben. So entsteht z. B. aus Rot und Grün der Eindruck Gelb, aus allen 3 Farben Rot, Grün und Blau wird der Farbeindruck Weiß (farblos).

Subtraktive Mischung von farbigem Licht

Lichtdurchlässige Farbgläser (Farbfilter) „verschlucken“ einen Teil der Farben des Spektrums, sie filtern Farben des Spektrums aus. Man bezeichnet dies als ***Absorption***. Ein Gelbfilter kann oranges, gelbes und grünes Licht durchlassen; das Mischlicht erzeugt im Auge den Eindruck Gelb. Das Ausfiltern einzelner Farbanteile heißt auch ***Farbsubtraktion***. Auch durch Farbsubtraktion lassen sich mit drei Grundfarben alle weiteren Farbeindrücke herstellen: Die Grundfarben müssen jedoch Mischfarben sein. Farbdias bestehen aus drei Filterschichten (Blaugrün, Purpur, Gelb), in denen durch schrittweise Farbsubtraktion – in Verbindung mit schwarzen Silberkörnchen – letztlich aus weißem Licht die bunten Bilder entstehen.

Farbige Körper

Die Farben lichtundurchlässiger Körper, die sogenannten ***Körperfarben***, entstehen durch Farbsubtraktion. Beispielsweise absorbiert ein rotes Kleid aus dem auffallenden Tageslicht alle Farben außer Rot, Orange und Gelb. Diese Farben werden gestreut und rufen in unserem Auge ein bestimmtes Rot hervor. Enthält das auffallende Licht diese Farben nicht, wie das bei „künstlichem Licht“ der Fall sein kann, so ändert sich die „Farbe des Kleids“ merklich.

Teste dein Wissen!

Kapitel „Optik“	O. K. ✓	Das muss ich noch mal lesen
Ich kann den Unterschied zwischen einem *selbstleuchtenden* und einem *nicht selbstleuchtenden* Körper erklären.		S. 73
Ich kann die drei verschiedenartigen Lichtbündelarten die in der Optik eine Rolle spielen benennen.		S. 73, 74
Ich kann die Begriffe *Richtungsstrahl* und *Randstrahl* eines Lichtbündels definieren.		S. 74
Ich kann einfache Gesetzmäßigkeiten, die ein Lichtstrahl bei der Ausbreitung in einem einheitlichen Medium befolgt, erklären.		S. 75
Ich kann die Phänomene *Reflexion* und *Streuung* definieren und die zwei Sätze des *Reflexionsgesetzes* formulieren.		S. 75, 76
Ich kann die *Brechung* eines Lichtstrahls und das Brechungsgesetzes an einem Beispiel erklären und die Bedingungen für *Totalreflexion* benennen.		S. 76–79
Den Unterschied zwischen einem *reellen* und einem *virtuellen Bild* bei optischen Abbildungen kann ich erklären.		S. 79
Ich kann die Größen: *Brennweite*, *Brennpunkt*, *Gegenstandsweite*, *Bildweite*, *Gegenstandsebene* und *Bildebene* definieren.		S. 81–85
Ich kann die *Linsenformeln* erklären und kann damit Beispiele berechnen.		S. 87
Ich kann anhand einer Lichtstrahlen-Konstruktion erklären, wie die vergrößernde Wirkung beim Sehen durch eine Lupe zustande kommt.		S. 91, 92
Ich kann die Begriffe *Spektrum*, *Spektralfarbe*, *Mischfarbe* und *Komplementärfarbe* erklären.		S. 93–95

Magnetismus

7.1 Magnete haften fest!

Die Flügeltüren an kleinen Schränkchen und Kühlschränken werden häufig durch sogenannte Magnet-Schnäpper geschlossen. Die Türen werden durch Kräfte zugehalten, die kleine Magnete auf Eisenblechstücke ausüben – ohne elektrischen Strom oder eine andere Energiezufuhr. Es sind ***Dauermagnete*** (Permanentmagnete), die diese Eigenschaft ohne Betriebskosten praktisch unerschöpflich ausüben.

Unter den vielen Metallen zeigen nur Eisen, Nickel und Kobalt magnetische Eigenschaften.
Für Anwendungen in der Technik werden Magnete in Zylinderform (z. B. für Lautsprecher), in Form von Scheiben, Stäben oder in Hufeisenform hergestellt.

Eigenschaften von Dauermagneten

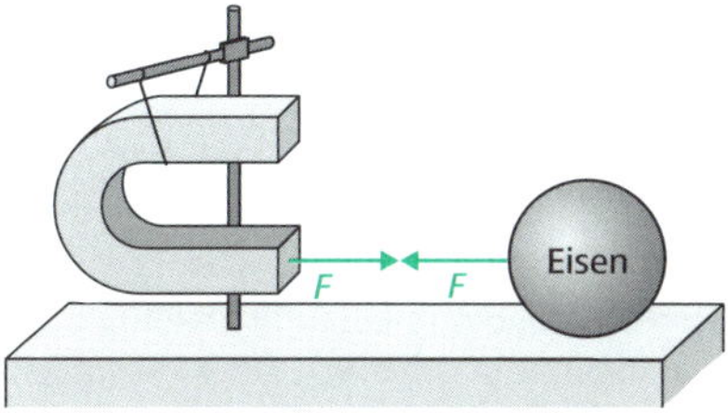

- Magnete üben anziehende Kräfte nur auf Körper aus Eisen (Stahl), Nickel oder Kobalt aus; man bezeichnet diese Materialien als *ferromagnetische Stoffe*.

- Diese Kräfte sind stets wechselseitig. Übt ein Magnet auf ein Eisenstück eine anziehende Kraft aus, so wird auch der Magnet von dem Eisenstück angezogen (mit einer Kraft vom gleichen Betrag!) (↗ Mechanik, S. 18).
- Die magnetische Kraft zwischen 2 Körpern nimmt mit zunehmender Entfernung stark ab; so sind oft nach wenigen cm Abstand die Kraftwirkungen nicht mehr nachweisbar.
- Magnetische Kräfte lassen sich durch ein Dazwischenschieben von nicht ferromagnetischen Materialien wie Papier, Holz, Kunststoff, Aluminium, Kupfer etc. nicht beeinflussen. Magnete kann man durch diese Stoffe nicht „abschirmen“; sie benötigen auch zur Übermittlung der Kraft keinen Stoff. Selbst die Luft ist nicht notwendig, auch im Vakuum sind die Kräfte wirksam.
- An stab- oder hufeisenförmigen Magneten gehen von den Enden besonders große Kraftwirkungen aus. Man bezeichnet diese Stellen als (magnetische) ***Pole***. Diese Polstellen treten immer paarweise auf. Auch Magnete in anderen Formen besitzen stets 2 Pole.
- Obwohl beide Pole gleich große, anziehende Kräfte auf Eisen ausüben, werden sie doch unterschiedlich bezeichnet.
  Befestigt man einen Stabmagneten derart, dass er um eine senkrechte Achse durch seinen Mittelpunkt beweglich ist, so dreht er sich, bis seine Längsachse in der Nord-Süd-Richtung zur Ruhe kommt (Prinzip eines Magnetkompasses). Es ist immer das gleiche Ende, das dann nach Norden weist; es wird als ***Nordpol*** (des Magneten) bezeichnet. Das andere Ende nennt man ***Südpol***.
- Besitzt man zwei drehbar gelagerte Magnete, so stellt man in Experimenten fest: Gleichnamige Pole üben abstoßende Kräfte aufeinander aus, ungleichnamige Pole, wie ein Süd- und ein Nordpol, ziehen einander an.
- Haftet der Kopf eines eisernen Nagels am Nordpol eines Magneten, so wird der Kopf zum Südpol (sonst würden beide einander nicht anziehen). Die Spitze des Nagels wird zum Nord-

pol. Entfernt man anschließend den Magneten, so bleiben die magnetischen Eigenschaften des Nagels für einige Zeit erhalten. Man sagt dann, man hat den Nagel „magnetisiert“.
Dieses ***Magnetisieren*** gelingt bei vielen Gegenständen aus Eisen (Nadeln, Rasierklingen, Scheren) noch besser, wenn man mit *einem* Pol eines möglichst kräftigen Magneten mehrmals in stets *gleicher Längsrichtung* über den Gegenstand streicht. Dabei verliert der Magnet nichts von seinem Magnetismus. Das Magnetisieren kann also beliebig oft mit beliebig vielen eisernen Gegenständen durchgeführt werden.
Viel schwieriger ist es häufig, diese Gegenstände wieder zu entmagnetisieren. Hundertprozentig entmagnetisiert sind Gegenstände, die auf Rotglut erhitzt wurden.
Auch starke Erschütterungen zerstören den Magnetismus. Magnete (die man nicht zerstören will) soll man deshalb nicht fallen lassen.

- Bricht man einen Stabmagneten in der Mitte durch, so erhält man 2 (halb so lange) vollständige Stabmagnete mit jeweils einem Nord- und einem Südpol. Dieses Teilen könnte man noch sehr oft durchführen, ohne dass die Kraftwirkungen der Pole dadurch abnehmen würden. Dieser Versuch unterstützt die Vermutung, dass die Pole im Innern eines Magneten bereits vorhanden sind, ihre Wirkung auf die Umgebung sich jedoch nur an den Enden des Magneten entfalten kann.

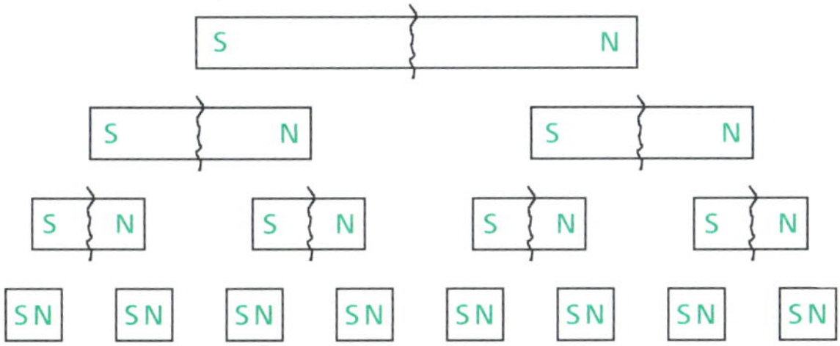

- Bringt man die ungleichnamigen Pole zweier (gleich starker) Magnete nahe zusammen, so sind (fast) keine anziehenden

Wirkungen auf Eisenteile mehr feststellbar; die magnetischen Wirkungen jedes Einzelpols heben sich gegenseitig auf. Dies erklärt, dass bei einem Stabmagneten nur die Enden (= Pole) magnetisch wirksam sind.

7.2 Innerer Aufbau von Magneten

Der Magnetismus von ferromagnetischen Materialien hängt mit ihrem inneren Aufbau zusammen. Schon einzelne Eisenatome haben magnetische Eigenschaften. Derartige Atome bezeichnet man auch als ***Elementarmagnete***. Jeder Eisenkörper besteht aus größeren Bezirken (bis zu einigen Hundertstel Millimeter groß), in denen die Elementarmagnete parallel ausgerichtet sind. (Diese Bezirke scheint es in den anderen Metallen wie Kupfer, Aluminium etc. nicht zu geben.)
In einem *unmagnetisierten* Eisenstück sind diese magnetischen Bezirke nun so orientiert, dass sich die magnetischen Wirkungen *nach außen hin* aufheben. Bringt man den Pol eines Stabmagneten in die Nähe, so wachsen diejenigen Bezirke an, die wie der Stabmagnet gepolt sind; die Größe der „falsch gepolten" Bezirke schrumpft.

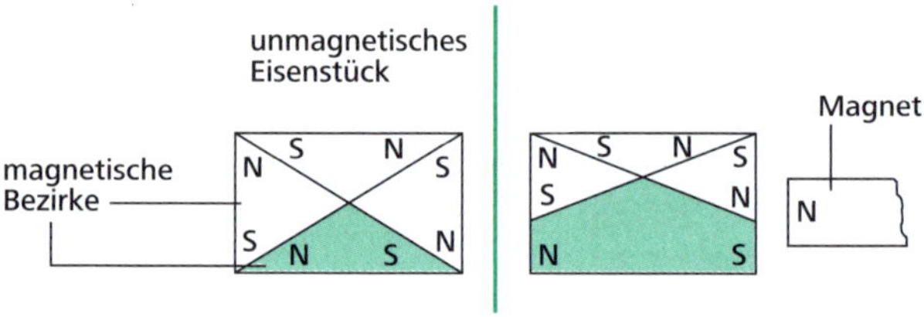

Besonders kräftige und dauerhafte Magnete stellt man heute durch Pressen von ferromagnetischem Pulver her, das in einem starken (Elektro-)Magnetfeld ausgerichtet und dabei in der gewünschten Form gesintert wird (sintern: Zusammenbacken der Pulverteilchen unter Hitzeeinwirkung).

7.3 Das Magnetfeld

Wie schon gesagt (↗ Eigenschaften von Dauer-Magneten, S. 97), benötigen Magnete zur Kraftübermittlung auf einen Körper in ihrer Nähe keinen weiteren Stoff – auch nicht die Luft. Magnete üben also Kräfte auf Körper aus, die sie nicht direkt berühren müssen.

Den Raum um einen Magneten, in dem magnetische Wirkungen zu beobachten sind, bezeichnet man als ein ***Magnetfeld***.

Mithilfe der folgenden Experimente kann man sich eine Vorstellung von den Kraftwirkungen in einem Magnetfeld machen:

- Führt man eine kleine drehbar gelagerte Magnetnadel (Kompass) durch den Raum in der Umgebung zweier Pole eines Magneten, so dreht sich die Magnetnadel um einige Winkelgrade. Skizziert man (z. B. auf einem untergelegten Papier) in möglichst vielen Punkten die Stellung der Magnetnadel, so scheint es, als ob die Nadel entlang einer (unsichtbaren) Linie von einem Pol zum anderen Pol des Magneten geführt worden wäre.

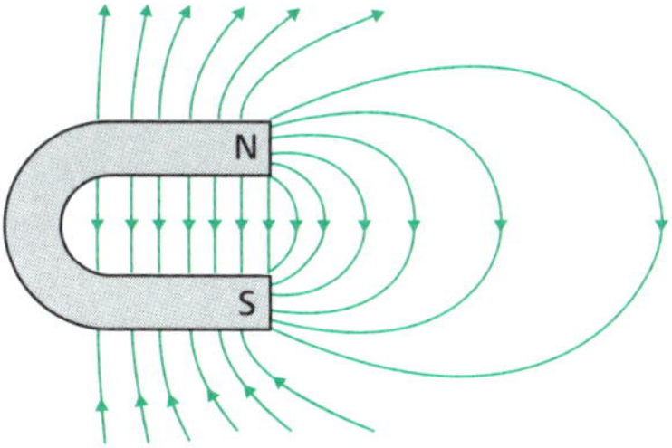

- Legt man einen Magneten unter eine Glasplatte und bestreut diese mit kleinen Eisenfeilspänen, so bilden diese Eisenspäne Ketten (oder Bärte), hinter denen man ebenfalls die Kraftlinien erahnen kann. (Besonders gut lassen sich die Ketten erkennen, wenn man ein paar Mal auf die Glasplatte klopft!)

- Steckt man eine längere, magnetisierte Nadel durch einen Korken, so kann man diese Anordnung in einem Wasserbecken schwimmen lassen. Bringt man einen Magneten in die Nähe des oben aus dem Kork ragenden Pols, so schwimmt der Kork auf einer bogenförmigen Linie von einem Pol des Magneten zum anderen. (Beachte, dass der schwimmende Magnet meist nicht den kürzesten Weg einschlägt!)
  Bei dieser Anordnung kann man die Wirkung der magnetischen Kraft im Magnetfeld um einen Stabmagneten auf *einen* (Probe-)Pol erkennen. Denn der zweite Pol des schwimmenden Probekörpers ist so weit weg, dass die auch auf ihn wirkende Kraft keinen Einfluss auf seine Bewegung hat.
  Eine Bahn, auf der sich ein Nordpol des Probemagneten bewegt, wird als eine ***Feldlinie*** des Stabmagneten bezeichnet.

BEACHTE Feldlinien sind *Modellvorstellungen*, mit deren Hilfe man Magnetfelder und die Wirkungen auf geeignete Probekörper beschreiben kann. Längs einer Feldlinie erfährt ein magnetischer Pol in jedem Punkt eine Kraft in Richtung der Feldlinie: Ein Nordpol wird zum Südpol des felderzeugenden Magneten hingezogen, auf einen Südpol wirkt die Kraft in entgegengesetzter Richtung.

Will man ein Magnetfeld skizzieren, so zeichnet man eine Auswahl von typischen Feldlinien als bogenförmige Linien von Pol zu Pol mit einem eingefügten Pfeil. Sie sollen die *Richtung* der Kraft auf einen Probepol an der gezeichneten Stelle erkennen lassen. Durch eine (willkürliche) Festlegung hat man vereinbart, dass die Pfeilspitzen in derjenigen Richtung einzuzeichnen sind, in die sich ein Probe-*Nordpol* – so wie beim schwimmenden Magneten – mit geringer Geschwindigkeit bewegen würde. Dadurch wird festgelegt, dass die Feldlinien im Raum um einen Magneten von seinem Nordpol zu seinem Südpol verlaufen.
Da die Feldlinien nur gedankliche Gebilde (Modelle) sind, die in jedem Punkt eines Feldes *eindeutig* die Kraft*richtung* angeben

sollen, wäre es nicht sinnvoll, Feldlinienbilder mit einander überkreuzenden Feldlinien oder mit sich gabelnden Feldlinien zu zeichnen. (Bei den Ketten der Eisenfeilspäne kann man dies gelegentlich beobachten – ein Beweis dafür, dass die Ketten *keine* Feldlinien sind, sondern nur einen Eindruck davon vermitteln.) Auch über den Betrag der magnetischen Kräfte geben Feldlinienbilder keine Auskunft.

Teste dein Wissen!

Kapitel „Magnetismus“	O. K. ✓	Das muss ich noch mal lesen
Ich kann einige Stoffe benennen, die von Magneten angezogen werden und auch einige, die keine Reaktion zeigen.		S. 97, 98
Ich kann erklären, was man unter den *Polen* eines Magneten versteht und wie ihre Bezeichnungen zustande kommen.		S. 98
Ich kann erklären, warum man beim Zerteilen eines Stabmagneten immer vollständige Magnete mit zwei Polen erhält.		S. 99, 100
Ich kann erklären, was man unter einem *Magnetfeld* versteht und kann ein Feldlinienbild für die Umgebung eines Magneten zeichnen.		S. 101
Ich kann das Modell der *Feldlinien* erklären, zeichnerisch darstellen und die Eigenschaften, die man den *Feldlinien* zuschreibt, benennen.		S. 101–103

Elektrizitätslehre

8.1 Ladungen im Kreisverkehr: Der elektrische Stromkreis

Wenn die Beleuchtungsanlage am Fahrrad defekt ist, das Lämpchen im Scheinwerfer oder im Rücklicht nicht mehr leuchtet, dann kommen mehrere Fehlerquellen in Betracht. Entweder ist der Glühfaden in einem Lämpchen durchgebrannt oder es ist ein Kabel abgerissen. (Dass der Dynamo versagt, kommt äußerst selten vor.) In jedem Fall ist der ***Stromkreis*** an einer Stelle unterbrochen.

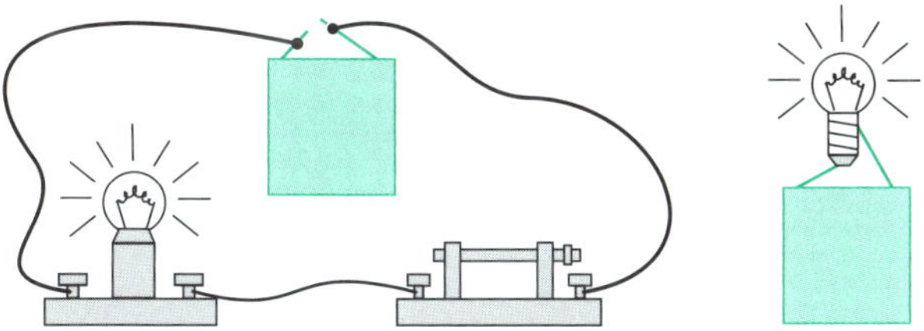

Um das Lämpchen zu überprüfen, kann man mit einer Taschenlampenbatterie einen einfachen Stromkreis bilden. Wenn beide Laschen der Batterie das Lämpchen berühren, muss ein intaktes Lämpchen leuchten. Es befindet sich in *einem geschlossenen Stromkreis*, sodass ein Kreislauf für die „Elektrizität" möglich ist. Wird dieser Leiterkreis an irgendeiner Stelle unterbrochen, so erlischt das Lämpchen sofort.
Dies legt die Vermutung nahe, dass das Lämpchen nur leuchtet, wenn die Elektrizität ständig fließen kann, man spricht dann von einem ***elektrischen Strom***.

Hat man einen Stromkreis mit einem Lämpchen zusammengestellt, kann man ihn an irgendeiner Stelle auftrennen und die Trennstelle mit verschiedenen Materialien überbrücken. So lässt sich feststellen, welche Stoffe den elektrischen Strom leiten und welche nicht. Man unterscheidet dadurch ***Leiter*** von ***Nichtleitern***.
Zu den guten Leitern zählen alle Metalle, schwarze Bleistiftminen (sie enthalten Kohlenstoff in der Form von Graphit), aber auch Salzwasser, verdünnte Säuren und Laugen. Da das Leitungswasser stets etwas gelöste Salze enthält, zählt es ebenfalls zu den Leitern.
Zu den Nichtleitern gehören trockenes Holz, Kunststoffe, Porzellan, Gummi, aber auch (wasserfreie) Flüssigkeiten wie Petroleum, Öl, Benzin etc.
Nichtleiter sind ebenso wichtig wie Leiter, sie werden zur Isolation benötigt, d. h. zum Schutz gegen „elektrische Schläge“ und gegen unbeabsichtigtes Kurzschließen von Drähten (wobei Brände entstehen können).
Gase, wie die Luft, sind in der Regel Nichtleiter. Unter besonderen Umständen (geringer Druck oder hohe Spannungen) können sie die Elektrizität leiten; oft ist dies mit einer Leuchterscheinung verbunden (Funkenüberschläge, Blitze, Licht der Leuchtstoffröhre).

VORSICHT Auch der menschliche Körper ist ein Leiter. Er enthält Wasser mit darin gelösten Salzen. Fließt Elektrizität durch den menschlichen Körper, kann der Strom sehr schädliche oder gar tödliche Wirkungen entfalten! Jedes Experimentieren mit Strom direkt aus der Steckdose ist lebensgefährlich und verboten!

Stromkreise werden auf dem Papier mit genormten ***Schaltzeichen*** skizziert. Geräte, wie Batterien, Lampen oder Schalter, werden mit sehr einprägsamen Symbolen dargestellt, andere Zeichen sind eher abstrakt.

In keinem Fall gibt eine Schaltskizze den wirklichen Schaltungsaufbau wieder. So werden verbindende Leitungen als gerade, schwarze Linien gezeichnet; ob sie isoliert sind, aus Kupfer oder einem anderen Metall bestehen, kann man einer Schaltskizze nicht entnehmen.

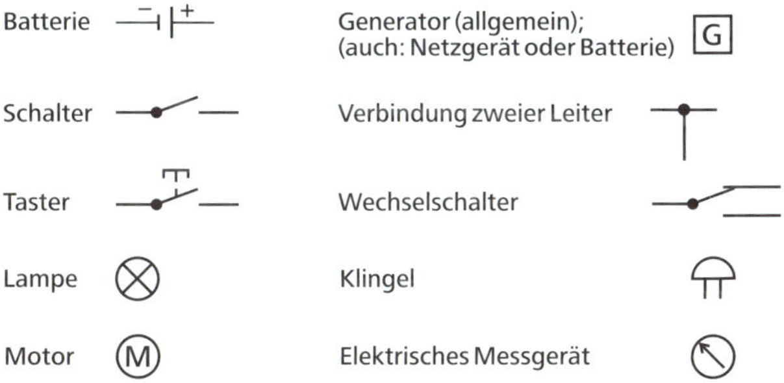

Zwei Schaltungsarten sind sehr häufig, sodass sie besondere Namen besitzen:

- *Reihenschaltung:* Dabei sind Geräte (Lampen, Schalter, gelegentlich auch Batterien) in einer Reihe in *einem* Stromkreis mit einer Quelle verbunden. Wird *ein* Schalter geöffnet, so ist der Stromkreis unterbrochen und alle weiteren Geräte sind stromlos. So liegen z. B. in einem Auto der Hupkontakt und das Zündschloss in Reihe und deshalb beobachtet man folgenden Sachverhalt: Nur wenn beide Schalter gleichzeitig geschlossen sind, ertönt die Hupe.

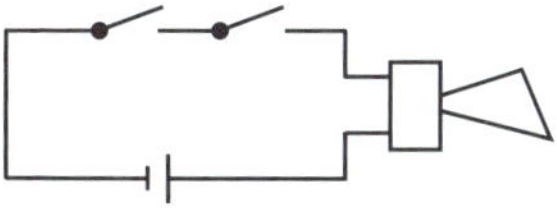

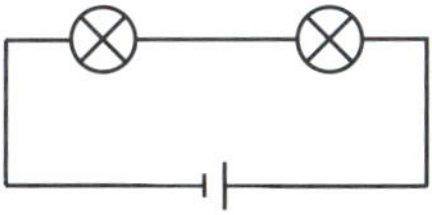

- *Parallelschaltung:* An eine Stromquelle (Batterie, Steckdose) sind gleichzeitig mehrere Stromkreise angeschlossen. Wird der Schalter in einem Stromkreis geöffnet, beeinflusst dies den anderen Stromkreis nicht. Im Haushalt schalten wir alle Geräte an eine Quelle (die 2 Zuführungsdrähte vom Kraftwerk) parallel.

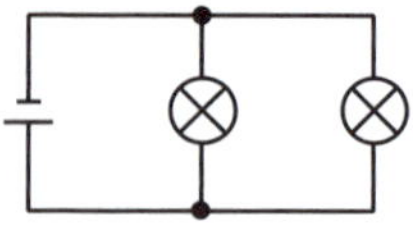

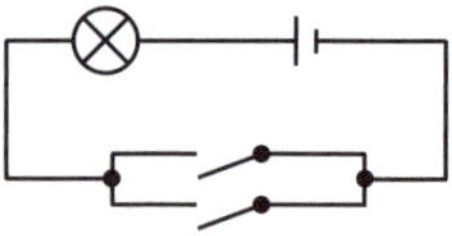

Für spezielle Schaltungsarten – wenn z. B. eine Lampe von mehreren Schaltern ein- oder ausgeschaltet werden soll – gibt es besondere Schalter mit mehreren Kontakten (Wechselschalter, Kreuzschalter oder Relais).

8.2 Die Wirkungen des elektrischen Stroms

Das Stromnetz liefert elektrische Energie. Diese Energie wird in den angeschlossenen Geräten in andere Energieformen verwandelt. Dabei nutzen wir die verschiedenen Wirkungen des elektrischen Stroms.

- *Wärmewirkung:* Eine der häufigsten Anwendungen findet der elektrische Strom in elektrischen Heizgeräten. Fließt ein Strom durch einen Draht, so erwärmt sich dieser. In dünnen Drähten kann die Temperatur dabei so große Werte annehmen, dass die Drähte rot oder (fast) weiß glühen.
- *Magnetische Wirkung:* Wickelt man isolierten Draht (eine Lackschicht genügt!) in mehreren Lagen über einen Eisenstift, so erhält man einen kräftigen Magneten – wenn Strom durch die Drahtwicklung fließt.
  In elektrischen Klingeln oder Summern wird der Klöppel magnetisch betrieben. Auch Elektromotoren beziehen ihre Kraft aus der magnetischen Wirkung des elektrischen Stroms.
- *Chemische Wirkungen:* Fließt Strom durch eine leitende Flüssigkeit, so wird diese in ihre Bestandteile zerlegt (Elektrolyse).

So entstehen beim Stromfluss durch Wasser die beiden gasförmigen Bestandteile Wasserstoff und Sauerstoff.
Diese chemischen Wirkungen sind auch *eine* der Gefahren, wenn Strom durch den menschlichen Körper fließt. Für den elektrischen Strom haben wir keinerlei Sinnesorgan; ob ein Strom fließt, können wir nur an seinen Wirkungen erkennen.

8.3 Die Richtung des elektrischen Stroms

Da der elektrische Strom seine Wirkungen nur entfaltet, wenn er in einem *geschlossenen* Leiterkreis fließen kann, interessiert die Frage, in welcher Richtung „die Elektrizität" fließt.
Zu einer Zeit, als Elektronen noch unbekannt waren, nahm man an, dass die „Elektrizität" am Pluspol einer Stromquelle herauskommt, über den äußeren Leiterkreis fließt und im Minuspol der Quelle wieder eintritt. Ob diese Annahme richtig war, konnte man lange Zeit nicht überprüfen, denn das Fließen der Elektrizität ist direkt nicht beobachtbar. Diese willkürlich angenommene Stromrichtung wird heute noch von allen Elektrikern – und teilweise in den Schulen – verwendet. Man spricht von der ***konventionellen Stromrichtung*** oder der ***technischen Stromrichtung***.
Erst im 20. Jahrhundert stellte man fest, dass elektrische Ströme in Metallen aus negativer Ladung bestehen, transportiert von ***Elektronen***. Diese treten aus dem Minuspol der Stromquelle aus und am Pluspol wieder ein.
Die *physikalische Stromrichtung* ist also genau entgegengesetzt zur konventionellen Stromrichtung.

Messgeräte für den elektrischen Strom

Einen elektrischen Strom erkennt man nur an seinen Wirkungen. Daraus kann man auch schließen, ob ein Strom größer oder kleiner ist als ein anderer: Je größer die Wirkung, desto größer

ist der verursachende Strom. Für Messgeräte werden alle bekannten Wirkungen des elektrischen Stroms herangezogen: Wärmewirkungen, magnetische Wirkungen und – heute nur noch sehr selten – die chemischen Wirkungen.
Die genauesten Strommesser sind Instrumente, die die magnetischen Kraftwirkungen des elektrischen Stroms ausnutzen (moderne elektronische Messgeräte ausgenommen).
Beim ***Drehspulinstrument*** fließt der zu messende Strom durch eine kleine Spule. Dadurch wird diese zu einem Magneten. Da sich diese Spule im Magnetfeld eines Hufeisenmagneten befindet, ziehen sich die ungleichnamigen Magnetpole an und es kommt zu einer Drehung der Spule (↗ S. 128).

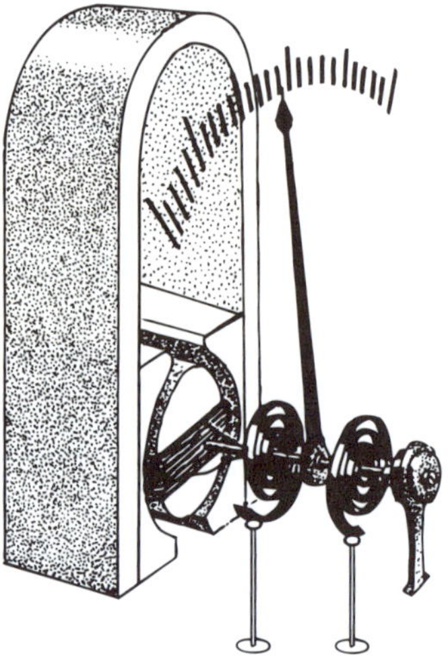

Zwei Spiralfedern – die gleichzeitig zur Stromzuführung der Drehspule dienen – erzeugen Gegenkräfte, die mit zunehmendem Drehwinkel größer werden. Im Kräftegleichgewicht kommt der Zeiger zur Ruhe, sein Ausschlag ist ein Maß für die Stärke des Stroms.

8.4 Was man unter einer Stromstärke versteht

Ströme begegnen uns in vielfältiger Weise! Es gibt Wasser- und Luftströme; am Samstagnachmittag „strömen“ die Fußballanhänger ins Sportstadion: Man spricht von einem Strom, wenn sich gleichartige Dinge in eine bestimmte Richtung bewegen. Der Begriff wird auch auf die elektrischen Stromkreise angewendet, denn darin bewegen sich viele Ladungsträger (Elektronen oder Ionen) in eine gemeinsame Richtung und es gilt folgende Definition:

> **Unter der elektrischen Stromstärke versteht man den Quotienten aus der Anzahl der Ladungsträger und der Zeitspanne, in der diese Ladungsträger durch einen Leiterquerschnitt fließen.**

Da man Elektronen nicht zählen, sondern nur ihre Ladung messen kann, wird obige Definition für die Praxis abgeändert:

> **Die elektrische Stromstärke ist der Quotient aus der Ladung (vieler Elektronen zusammengenommen) und der Zeitspanne, in der diese Ladungsmenge durch den Leiterquerschnitt fließt.**

Die Einheit der Stromstärke heißt *Ampere* (abgekürzt: A).

MERKE Ein Strom hat die Stärke 1 A, wenn in einer speziellen Drahtanordnung die magnetische Kraft zwischen 2 stromdurchflossenen Drähten einen bestimmten Wert hat.

Regeln zur Messung einer Stromstärke:

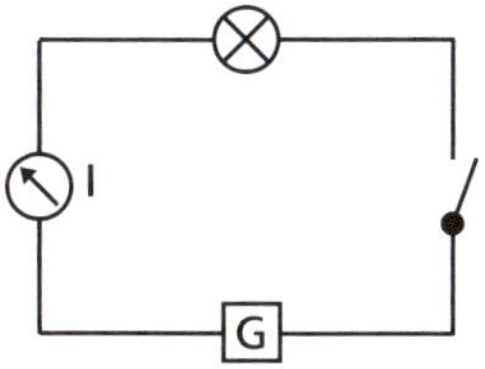

- Zur Messung einer Stromstärke muss der Leiterkreis an einer Stelle aufgetrennt werden. Strommesser, die beispielsweise die Stromstärke durch eine Lampe messen sollen, müssen in Reihe (↗ S. 107) mit der Lampe geschaltet sein.
- In einem einfachen Stromkreis ist die Stromstärke an jeder Stelle gleich – es spielt also keine Rolle, an welcher Stelle das Messgerät eingesetzt wird. Man misst „hinter" einem Elektrogerät die gleiche Stromstärke wie vor dem Gerät.
- Viele elektrische Messgeräte können außer der Stromstärke noch weitere Größen (Spannung, Widerstand) messen. Sie müssen zuvor auf die richtige Messgröße eingestellt werden. Auch können sie unterschiedlich große Ströme in verschiedenen Messbereichen messen. Man beginne stets mit dem größten Messbereich.

Der Zusammenhang zwischen Stromstärke, Ladung und Zeit

Wenn man die Stromstärke misst, kann man die Ladung berechnen, die in einer bestimmten Zeit von den Elektronen durch einen Leiterquerschnitt transportiert wird. Bei konstanter Stromstärke ist die Ladung proportional zur Zeitdauer.

Mit den abkürzenden Zeichen: I (für Stromstärke), Q (für Ladung) und t (für Zeit) ergibt dies folgende Gleichung:

$Q = I \cdot t.$

Fließt in einem Leiter ein Strom der Stärke $I = 1\,\mathrm{A}$, so transportieren die Elektronen in jeder Sekunde die Ladung $Q = 1\,\mathrm{A} \cdot 1\,\mathrm{s} = 1\,\mathrm{As}$ (Amperesekunde) durch einen Leiterquerschnitt.

Für die Einheit Amperesekunde gibt es die abkürzende Bezeichnung *Coulomb*: 1 As = 1 C.
Stellt man die Gleichung für die Ladung um (auflösen nach *I*), so erhält man die folgende Aussage:

$$I = \frac{Q}{t};$$

die Stromstärke ist der Quotient aus vorbeifließender Ladung und Zeit.

Geräte	typische Stromstärke
elektrisch betriebene Armbanduhr	0,000001 A = 0,001 mA (Milli-Ampere)
Haushaltsglühlampe	0,5 A
Staubsauger	4 A
Heizstrahler	9 A
Waschmaschine	16 A
E-Lok (beim Anfahren)	200 A
Blitz	300000 A = 300 kA (Kilo-Ampere)
Computer (mit Monitor)	0,4 A
Kühlschrank (im Betrieb)	0,5 A
Farbfernseher	1,3 A

8.5 Auch Ladungen stehen unter Spannung: Die elektrische Spannung

Alle Ströme haben eine Ursache, sie müssen angetrieben werden. Auch die Besucher, die am Samstag ins Fußballstadion strömen, haben einen Antrieb, sie erwarten „voller *Spannung*" ein interessantes Spiel. Auf allen käuflichen Batterien und Netzgeräten ist – zusätzlich zur Bezeichnung der Pole – die *Spannung* aufgedruckt. Handelsübliche Batterien gibt es mit 1,5, 4,5 oder 9 Volt Spannung. Die Einheit, in der man die elektrische Spannung misst, wird mit **Volt** bezeichnet (abgekürzt: V). Die Spannung an unseren Steckdosen beträgt 230 V.
Schließt man eine Haushaltsglühlampe an eine Taschenlampenbatterie von 4,5 V Spannung an, so leuchtet die Lampe nicht, der Glühfaden in der Lampe bleibt kalt. Dies hat zwei Gründe:

- Die Zahl der Ladungsträger (Elektronen), die in jeder Sekunde durch die Lampe fließen (die Stromstärke!), ist bei dieser Spannung viel zu klein, als dass der Lampendraht zum Glühen kommen würde.
- Auch die Energie, die *jeder* Ladungsträger transportiert, ist bei dieser Stromquelle um ein Vielfaches kleiner als bei der Quelle „Steckdose“. – Selbst wenn ein hinreichend großer Strom fließen würde, so wäre die elektrische Energie zu gering, die dem Lampendraht in jeder Sekunde zur Verfügung stünde, um diesen merklich zu erwärmen.

Verschiedene Stromquellen unterscheiden sich also in zweierlei Hinsicht: Sie können größere oder kleinere Stromstärken verursachen und gleichzeitig den Ladungen unterschiedlich viel elektrische Energie mitgeben. Diese Eigenschaft wird durch die ***Spannung U*** der Quelle ausgedrückt, man spricht deshalb auch häufig von *Spannungsquellen.*
Beträgt die Stromstärke in einem Stromkreis $I = 1\,\text{A}$, so fließt in jeder Sekunde die Ladung $Q = 1\,\text{A} \cdot 1\,\text{s} = 1\,\text{C}$ durch den Leiterquerschnitt. Wird dabei (in jeder Sekunde) die Energie 1 J (Joule) transportiert – und in einem „Verbraucher“, einem Gerät, einer Maschine etc. in eine andere Energieform umgewandelt –, so sagt man, die Spannungsquelle hat die Spannung $U = 1\,\text{V}$.
Transportiert die Ladung 1 C (von einer anderen Quelle) 230 J Energie in jeder Sekunde, so hat diese Quelle die Spannung $U = 230\,\text{V}$.

BEACHTE Je größer die Spannung einer Stromquelle ist, desto größer ist die Energie, die eine bestimmte Ladungsmenge transportiert.

Unter der elektrischen Spannung U (einer Quelle) versteht man den Quotienten aus der Energie W und der Ladung Q:

$$U = \frac{W}{Q}.$$

Die Einheit Volt ist so gewählt: $\frac{1\,\mathrm{J}}{1\,\mathrm{C}} = 1\,\mathrm{V}$.

BEISPIEL Wenn im Stromkreis eines Fahrrads bei der Spannung des Fahrraddynamos $U = 6\,\mathrm{V}$ eine Stromstärke von $I = 1\,\mathrm{A}$ fließt, so erhält man in jeder Sekunde die Energie

$$W = Q \cdot U = I \cdot t \cdot U = 1\,\mathrm{C} \cdot 1\,\mathrm{s} \cdot 6\,\mathrm{V} = 6\,\mathrm{J}$$

in Form von Licht (und Wärme). Selbstverständlich muss man dazu dem Dynamo in jeder Sekunde 6 J Energie zuführen! – Beim Radfahren merkt man sehr deutlich, dass man mehr arbeiten muss, wenn man das Licht angeschaltet hat.
Betrachtet man den im Haushalt üblichen Stromkreis ($U = 230\,\mathrm{V}$), so ist für die gleiche Energiemenge (pro Sekunde) nur eine Ladungsmenge $Q = \frac{W}{U} = \frac{6\,\mathrm{J}}{230\,\mathrm{V}} \approx 0{,}026\,\mathrm{C}$ nötig.

Ein Strom der Stärke $I = \frac{Q}{t} = \frac{0{,}026\,\mathrm{C}}{1\,\mathrm{s}} = 0{,}026\,\mathrm{A} = 26\,\mathrm{mA}$ transportiert diese Ladung in jeder Sekunde. Dividiert man bei der Gleichung der Spannungsdefinition $U = \frac{W}{Q}$ auf der rechten Seite der Gleichung Zähler und Nenner durch die Zeit t, so erhält man eine völlig gleichwertige Definition der Spannung (mit den Abkürzungen $\frac{W}{t} = P$, P für Leistung; $\frac{Q}{t} = I$, I für Stromstärke):

$$U = \frac{\frac{W}{t}}{\frac{Q}{t}} = \frac{P}{I}.$$

Unter der elektrischen Spannung *U* versteht man den Quotienten aus der Leistung *P* und der Stromstärke *I*.

Für die Einheit der Spannung folgt daraus: $1\,\mathrm{V} = \frac{1\,\mathrm{W}}{1\,\mathrm{A}}$.

Diese zweite Form der Spannungsdefinition wird häufig vorgezogen, weil es für die Stromstärke I praktische Messgeräte gibt.

8

Reicht die Spannung für eine bestimmte Leistung nicht aus, kann man Spannungsquellen in Reihe schalten (↗ Reihenschaltung, S. 107). So benötigen Radiorecorder häufig eine Spannung von 6 V. Da eine Monozelle aber nur eine Spannung von 1,5 V hat, muss man 4 Monozellen in Reihe schalten: $4 \cdot 1{,}5\,V = 6\,V$. Dabei ist auf die Polung zu achten; die richtige Anordnung der Batterien ist deshalb meist im Batteriefach angegeben.

Einige Spannungen:	
Batterie (Monozelle)	1,5 V
Blockbatterie	9,0 V
Lichtanlage im Auto	12 V
Stromnetz	230 V
Straßenbahn	550 V
Eisenbahn	15 000 V
Hochspannungsleitungen	bis 380 000 V
Blitze eines Gewitters	100 000 000 V
Spielzeugeisenbahn	18 V
Lebensgefährliche Spannungen	> 42 V

Wie schon angeführt, hat die Spannung einer Quelle noch eine weitere Folge: Sie bestimmt auch die Stromstärke in einem Stromkreis. Auf jedem käuflichen Elektrogerät ist deshalb die „Betriebs-Spannung“ aufgedruckt.

8.6 Ströme erfahren einen Widerstand

Schließt man beispielsweise eine Kochplatte an verschiedene Spannungsquellen an, so kann man zu jeder Spannung die Stromstärke messen. Man entdeckt dabei, dass die Stromstärke I zur Spannung U proportional ist. Der Quotient $\frac{U}{I}$ hängt aber noch von einer weiteren Größe ab – einer Eigenschaft der Kochplatte. Man bezeichnet diese Eigenschaft als (elektrischen) ***Widerstand***.

Die Drähte in einem elektrischen Gerät (Tauchsieder, Bügeleisen, Heizkissen etc.) haben einen umso größeren Widerstand, je kleiner die Stromstärke ist, die bei der *gleichen* Spannung gemessen wird.

Der elektrische Widerstand R ist der Quotient aus der Spannung U und der Stromstärke I:
$$R = \frac{U}{I}.$$

Fließt bei einer Spannung $U = 1\,\text{V}$ die Stromstärke $I = 1\,\text{A}$, so besitzt das elektrische Bauteil den Widerstand

$$R = \frac{1\,\text{V}}{1\,\text{A}} = 1\,\Omega\ \text{(Ohm)}.$$

Äußerlich gleiche Metalldrähte (gleiche Länge, gleiche Querschnittsfläche) können einen unterschiedlichen Widerstand besitzen. Der Widerstand hängt also vom Material ab. 8
Zeigen äußerlich *gleiche* Metalldrähte einen unterschiedlich großen Widerstand – obwohl sie aus dem *gleichen* Material bestehen –, so haben sie verschiedene Temperaturen. Der Widerstand eines Drahtstückes steigt (normalerweise) mit der Temperatur an.
Sorgt man dafür, dass die bei einem Stromfluss durch einen Draht entstehende Wärme durch eine Kühlvorrichtung abgeführt wird – bei kleinen Stromstärken kann oft die Kühlung durch die umgebende Luft ausreichen – und die Temperatur dadurch nicht ansteigt, so ist der Widerstand des Drahtes konstant.

Löst man die Definitionsgleichung für Widerstand nach I auf: $I = \frac{U}{R}$, so sieht man, dass die Stromstärke I proportional zur Spannung U ist.
$I = \frac{U}{R}$ oder eine weitere Umformung: $U = R \cdot I$, wird als Grundgleichung des elektrischen Stromkreises oder auch als **Ohm'sches Gesetz** bezeichnet („U ist proportional zu I").

BEACHTE Diese Gleichungen sind – streng genommen – nur gültig, wenn sich der Widerstand nicht ändert! Das Ohm'sche Gesetz: $I \sim U$ gilt deshalb nur für Metalle bei konstanter Temperatur und nicht allzu großen Spannungen längs des Drahts.

BEISPIEL Besitzt ein elektrisches Bauteil einen Widerstand von $R = 1{,}5\,\text{k}\Omega = 1500$ Ohm, so fließt bei einer Spannung von $U = 45\,\text{V}$ ein Strom der Stärke $I = \frac{45\,\text{V}}{1500\,\Omega} = 0{,}03\,\text{A} = 30\,\text{mA}$.
Soll die Stromstärke $I = 3\,\text{A}$ betragen, so wäre dazu eine Spannung von $U = 1500\,\Omega \cdot 3\,\text{A} = 4500\,\text{V}$ nötig.

Der spezifische Widerstand

Um verschiedene Materialien hinsichtlich ihrer elektrischen Leitfähigkeit vergleichen zu können, muss man Drähte von gleicher Länge und von gleicher Querschnittsfläche wählen.
Für die Erstellung einer Tabelle ist es zweckmäßig, den Widerstand von Drähten der Länge $l = 1\,\text{m}$ und der Querschnittsfläche $A = 1\,\text{mm}^2$ (bei gleichbleibender Drahttemperatur) zu bestimmen. Die unter diesen Bedingungen gewonnenen Werte nennt man den ***spezifischen Widerstand***, da er für jedes Material spezifisch ist. Er wird mit ϱ (Rho) abgekürzt und meist in der Einheit $\Omega \cdot \frac{\text{mm}^2}{\text{m}}$ angegeben.

BEISPIEL Kupfer besitzt den spezifischen Widerstand $\varrho = 0{,}017\,\Omega \cdot \frac{\text{mm}^2}{\text{m}}$, d. h., ein Kupferdraht von 1 m

Länge und rund 1,12 mm Kreis-Durchmesser (Querschnittsfläche $A = \pi r^2 \approx 3{,}14 \cdot (0{,}56\,\text{mm})^2 \approx 1\,\text{mm}^2$) hat einen Widerstand von $0{,}017\,\Omega$.

MERKE Der ϱ-Wert gibt den Widerstand eines Drahtes von 1 m Länge und $1\,\text{mm}^2$ Querschnittsfläche an. Je besser das Material leitet, desto kleiner ist der ϱ-Wert.

Da der Widerstand eines beliebigen Drahtes proportional zu seiner Länge und umgekehrt proportional zu seiner Querschnittsfläche wächst, kann man aus Kenntnis seiner Länge l, der Querschnittsfläche A und dem spezifischen Widerstand ϱ seines Materials den Widerstand berechnen:

BEISPIEL Ein Kupferdraht der Länge $l = 1000\,\text{m}$ mit $A = 1{,}0\,\text{mm}^2$ Querschnittsfläche hat den Widerstand

$R = 1000 \cdot 0{,}017\,\Omega = 17\,\Omega$; bei $A = 0{,}5\,\text{mm}^2 = \frac{1}{2}\text{mm}^2$

verdoppelt sich der Widerstand auf $R = 34\,\Omega$.
Für beliebige Werte lässt sich der Widerstand nach folgender Gleichung berechnen:

$$R = \varrho \cdot \frac{l}{A}.$$

In Radio- und Fernsehgeräten werden an vielen Stellen ihrer inneren Stromkreise Bauteile benötigt, die die Stromstärke begrenzen. Dazu wird dünner Draht auf ein kleines Keramikröhrchen gewickelt oder die Oberfläche des Röhrchens mit einer (schlecht) leitenden graphithaltigen Schicht versehen. Dadurch kann das Bauteil einen Widerstand von einigen wenigen Ω bis zu einigen Millionen Ω (1 Million Ω = 1 MΩ, wird auch als Megohm bezeichnet) besitzen. Leider bezeichnet man diese Bauteile (in der deutschen Sprache) als einen Widerstand – sodass Widerstände einen Widerstand besitzen!

Komplizierte Schaltungen (mit vielen Widerständen) sind meist Kombinationen einiger Grundschaltungsarten.

8.7 Die Gesetze des unverzweigten Stromkreises

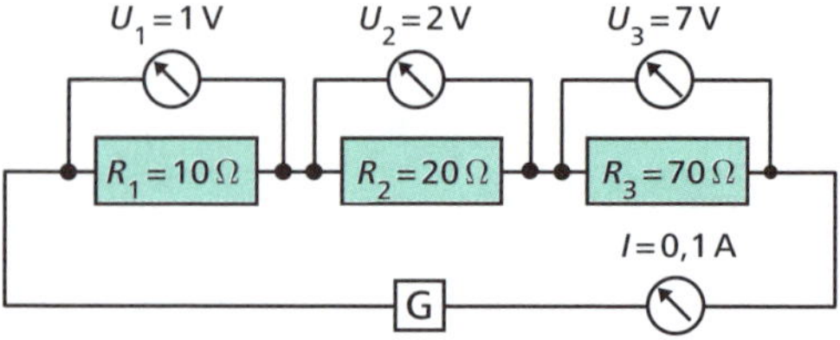

Schließt man mehrere Widerstände – wie in dieser Schaltskizze – an eine Spannungsquelle an, so bezeichnet man diese Schaltung als einen ***unverzweigten Stromkreis***.

Trennt man den Stromkreis an einer beliebigen Stelle auf und verbindet die Trennstellen über ein Strommessgerät, so misst man stets die gleiche Stromstärke:

> **Bei einer Reihenschaltung von Widerständen ist die Stromstärke durch jeden Widerstand gleich groß.**

Besteht die Reihenschaltung beispielsweise aus 3 Widerständen mit den Werten $R_1 = 10\,\Omega$, $R_2 = 20\,\Omega$ und $R_3 = 70\,\Omega$, so beträgt bei einer Spannung der Quelle von $U = 10\,\text{V}$ die Stromstärke

$I = 0{,}1\,\text{A}$; bei $U = 20\,\text{V}$ ist $I = \frac{20\,\text{V}}{100\,\Omega} = 0{,}2\,\text{A}$.

Die Reihenschaltung der 3 Widerstände verhält sich wie *ein* Widerstand vom Wert $100\,\Omega$. Man bezeichnet ihn als ***Ersatzwiderstand*** R_E, denn ein Widerstand mit dem Wert R_E würde die Stromstärke auf den gleichen Wert begrenzen wie die Reihenschaltung der Widerstände.

> **Der Ersatzwiderstand R_E einer Reihenschaltung ist gleich der Summe der in Reihe geschalteten Einzelwiderstände:**
>
> $R_E = R_1 + R_2 + R_3 + \ldots$

TIPP Beim Kauf von Widerständen muss man aus einer Reihe festgelegter Normwerte auswählen. Ist der benötigte Ohm-Wert nicht erhältlich, hilft oft eine Reihenschaltung weiter.

MERKE Bei einer Reihenschaltung von Widerständen ist der Ersatzwiderstand stets größer als der größte der Einzelwiderstände.

Schließt man einen Spannungsmesser an die Anschlüsse zu den Widerständen (parallel zu den Widerständen) an, so misst man an *jedem* Widerstand eine Teilspannung, die – etwas unglücklich – meist als „Spannungsabfall“ bezeichnet wird. Gemäß dem Ohm'schen Gesetz (↗ S. 118) gilt an jedem Widerstand $U = R \cdot I$. Für die Summe der Teilspannungen erhält man die folgenden Regeln:

Die Summe der Teilspannungen $U_1 + U_2 + \ldots$ ist gleich der Spannung der Quelle U:

$$U = U_1 + U_2 + U_3 + \ldots = I \cdot R_1 + I \cdot R_2 + I \cdot R_3 + \ldots = I \cdot R_E.$$

Da durch alle Widerstände die gleiche Stromstärke fließt,

ist $I = \frac{U_1}{R_1} = \frac{U_2}{R_2} = \ldots$ Hieraus folgt: $\frac{U_1}{U_2} = \frac{R_1}{R_2}, \frac{U_1}{U_3} = \frac{R_1}{R_3}$, usw.

Bei einer Reihenschaltung von Widerständen verhalten sich die Teilspannungen wie die entsprechenden Widerstandswerte.

8

Vorwiderstandsschaltung

Die kleinen Glühlämpchen in den Taschenlampen tragen am Sockel häufig die Nenndaten aufgedruckt, z. B. 4 V/4 W.
Dies heißt, dass das Lämpchen bei $U = 4\,\text{V}$ Spannung eine Leistung von $P = 4\,\text{W}$ umsetzt. Aus diesen beiden Daten kann man weitere Größen berechnen. Die maximal zulässige Stromstärke beträgt $I = \frac{P}{U} = \frac{4\,\text{W}}{4\,\text{V}} = 1\,\text{A}$; der Widerstand des (heißen) Glühfadens hat den Wert $R = \frac{U}{I} = \frac{4\,\text{V}}{1\,\text{A}} = 4\,\Omega$.

MERKE Wenn man das Lämpchen an eine Spannungsquelle von $U = 9\,\text{V}$ anschließt, so wird es sofort durchbrennen. Die Stromstärke würde (theoretisch) auf den Wert

$I = \frac{U}{R} = \frac{9\,\text{V}}{4\,\Omega} = 2{,}25\,\text{A}$ ansteigen.

Da der Hersteller bei der Auswahl des Drahtes aber nur eine Höchststromstärke von $I = 1\,\text{A}$ vorgesehen hat, schmilzt zuvor der Glühfaden.

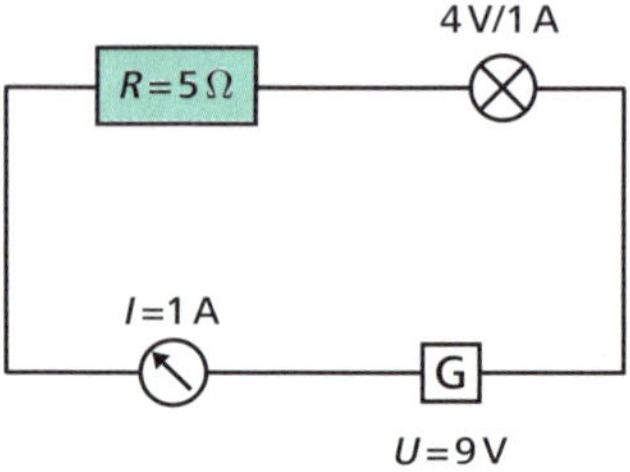

In solchen Fällen kann ein ***Vorwiderstand*** helfen, der die Stromstärke auf den zulässigen Wert $I = 1\,\text{A}$ begrenzt. Bei $U = 9\,\text{V}$ muss der Ersatzwiderstand aus beiden Widerständen einen Wert von

$R_E = \frac{U}{I} = \frac{9\,\text{V}}{1\,\text{A}} = 9\,\Omega$ aufweisen. Da der Lampendraht selbst $4\,\Omega$ hat, schützt ein Vorwiderstand von $R = 5\,\Omega$.

In der Praxis benutzt man als Vorwiderstände gern einstellbare Schiebe- oder Drehwiderstände (Potentiometer). Durch einen Abgriff mit einem Schleifkontakt kann man die benötigte Drahtlänge einstellen. Dadurch lassen sich beliebige Widerstandswerte erreichen, insbesondere für Werte, für die man keine Widerstände kaufen kann.

Spannungsteilerschaltung

Man kann die Reihenschaltung von 2 (oder mehreren) Widerständen auch als eine ***Spannungsteilerschaltung*** bezeichnen, da nach der Regel von den Teilspannungen (↗ unverzweigter

Stromkreis, S. 120) an jedem der Widerstände ein Teil der Batteriespannung „abfällt".

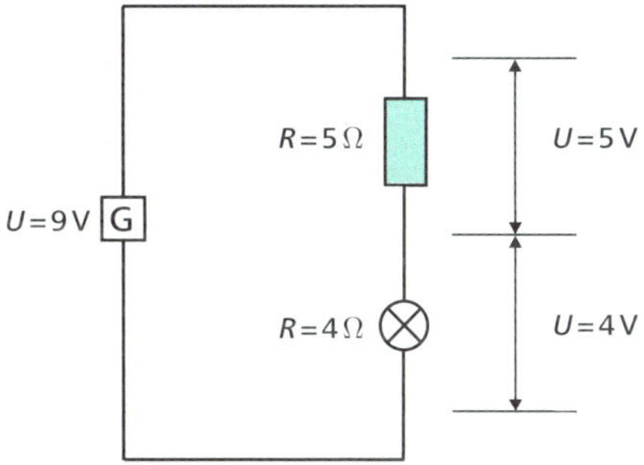

Wenn die Spannung 9 V (= Spannung der Quelle) so aufgeteilt werden soll, dass die Teilspannungen 4 V (Lampen-Nennspannung) und 5 V (Spannung am Vorwiderstand) betragen sollen, so muss bei der Stromstärke $I = 1\,\text{A}$ der Vorwiderstand einen Wert $R = \frac{U}{I} = \frac{5\,\text{V}}{1\,\text{A}} = 5\,\Omega$ haben.

BEISPIEL Bei einer handelsüblichen elektrischen Weihnachtsbaum-Beleuchtung bilden die Leuchtmittel („Kerzen") eine in Reihe geschaltete Glühlampen-Kette. Bei 20 Kerzen teilt sich die Netzspannung $U = 230\,\text{V}$ in 20 Teilspannungen zu je $U = \frac{230\,\text{V}}{20} \approx 11{,}5\,\text{V}$ auf. Jede einzelne Kerze wird mit dieser Spannung betrieben.

8.8 Die Gesetze des verzweigten Stromkreises

Die elektrischen Geräte im Haushalt werden alle parallel an eine Quelle (die Zuführungsdrähte vom Kraftwerk) geschaltet (↗ Parallelschaltung, S. 107). Nur so bekommt jedes Gerät die gleiche Spannung und kann auch getrennt von allen anderen ein- und ausgeschaltet werden. Da sich der Strom, nachdem er die Sicherungen und den Elektrizitätszähler passiert hat, auf die „Zweige" zu den verschiedenen Geräten verteilt, spricht man auch von einem ***verzweigten Stromkreis***.

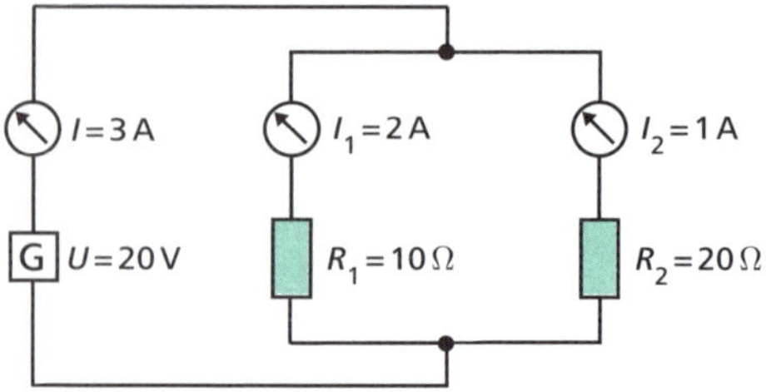

Der Elektrizitätszähler liegt in der unverzweigten Hauptleitung, er wird vom Gesamtstrom *I* durchflossen.

1. ***Kirchhoff'sches Gesetz***: Bei einer Stromverzweigung ist der Gesamtstrom *I* (im unverzweigten Teil) gleich der Summe der Zweigströme:

$I = I_1 + I_2 + I_3 + \dots$

Da bei dieser Schaltung alle Widerstände an derselben Spannung liegen, gilt für jeden Widerstand:

$U = R_1 \cdot I_1 = R_2 \cdot I_2 = \dots$, oder $\frac{I_1}{I_2} = \frac{R_2}{R_1}$ (für 2 Widerstände).

2. ***Kirchhoff'sches Gesetz***: Bei einer Stromverzweigung verhalten sich die Zweigströme umgekehrt wie die entsprechenden Widerstände in den Verzweigungen.

Je mehr Widerstände parallel an eine Quelle angeschlossen werden, desto größer wird die Summe aller Querschnittsflächen, durch die der Strom fließen kann – die Stromstärke in der unverzweigten Zuleitung nimmt zu. Wird beispielsweise an eine Quelle der Spannung $U = 20\,\text{V}$ erst ein Widerstand $R_1 = 10\,\Omega$ angeschlossen, so fließt $I_1 = \frac{U}{R_1} = \frac{20\,\text{V}}{10\,\Omega} = 2\,\text{A}$; wird ein weiterer

Widerstand $R_2 = 20\,\Omega$ parallel angeschlossen, so fließen durch ihn $I_2 = \frac{20\,\text{V}}{20\,\Omega} = 1\,\text{A}$ und in der unverzweigten Zuleitung beträgt die Stromstärke $I = I_1 + I_2 = 3\,\text{A}$.

Ein Widerstand vom Wert $R_\text{E} = \frac{U}{I} = \frac{20\,\text{V}}{3\,\text{A}} \approx 6{,}67\,\Omega$ hätte die Quelle also in gleicher Weise belastet. Man bezeichnet R_E als den *Ersatzwiderstand* der (hier) parallel geschalteten Widerstände. Setzt man in das 1. Kirchhoff'sche Gesetz $I = I_1 + I_2$ die entsprechenden Quotienten $\frac{U}{R}$ ein, so erhält man $\frac{U}{R_\text{E}} = \frac{U}{R_1} + \frac{U}{R_2}$ und nach Kürzen mit U die Gleichung:

$$\frac{1}{R_\text{E}} = \frac{1}{R_1} + \frac{1}{R_2},$$

die man auf Schaltungen mit mehr als 2 Widerständen entsprechend erweitern kann.

> **Der Kehrwert des Ersatzwiderstands $\frac{1}{R_\text{E}}$ einer Parallelschaltung von Widerständen ist die Summe der Kehrwerte der Widerstände in den Zweigen:**
> $$\frac{1}{R_\text{E}} = \frac{1}{R_1} + \frac{1}{R_2} + \frac{1}{R_4} + \dots\,.$$

8

Die Parallelschaltung von 2 gleichen Widerständen wirkt wie ein Widerstand vom halben Wert; bei 4 gleichen Widerständen ist der Ersatzwiderstand $\frac{1}{4}$ eines Zweigwiderstands.

MERKE Bei der Parallelschaltung von Widerständen ist der Ersatzwiderstand stets kleiner als der kleinste Widerstandswert in einem Zweig.
Für den Fall von 2 Zweigwiderständen kann man sich auch merken: $R_\text{E} = \frac{R_1 \cdot R_2}{R_1 + R_2}$ (Produkt durch Summe).

8.9 Das Magnetfeld um elektrische Ströme

Wie schon bei den Wirkungen elektrischer Ströme angeführt (↗ S. 108), üben elektrische Ströme in ihrer Umgebung Kräfte auf magnetische Körper aus. Diese Eigenschaft *bewegter* Ladungen soll im folgenden Kapitel genauer untersucht werden.

- Hält man einen gestreckten Kupferdraht, der von einem möglichst großen Strom durchflossen wird (mehrere Ampere!), über eine Kompassnadel, so wird die Nadel aus ihrer natürlichen Nord-Süd-Richtung abgelenkt. Sie stellt sich immer quer zur Drahtrichtung ein.

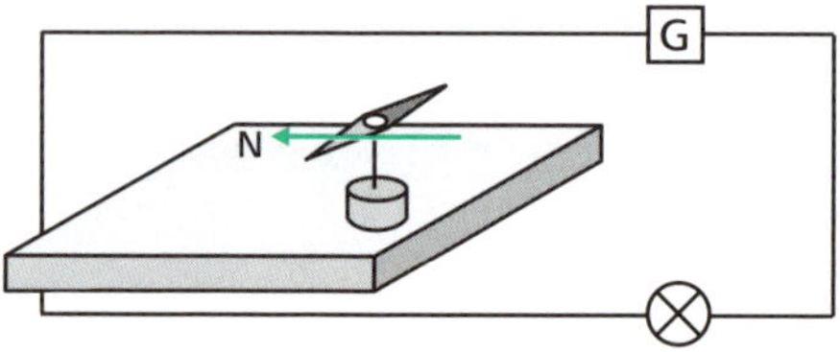

- Steckt man ein stromdurchflossenes, gerades Drahtstück (Stricknadel) durch eine Pappscheibe, so kann man mit einer kleinen Kompassnadel auf der Pappscheibe das magnetische Feld (↗ S. 106) in der Umgebung des Drahtes „abtasten". (Bei sehr großen Stromstärken kann man auch mit aufgestreuten Eisenfeilspänen den Verlauf der magnetischen Feldlinien sichtbar machen.)

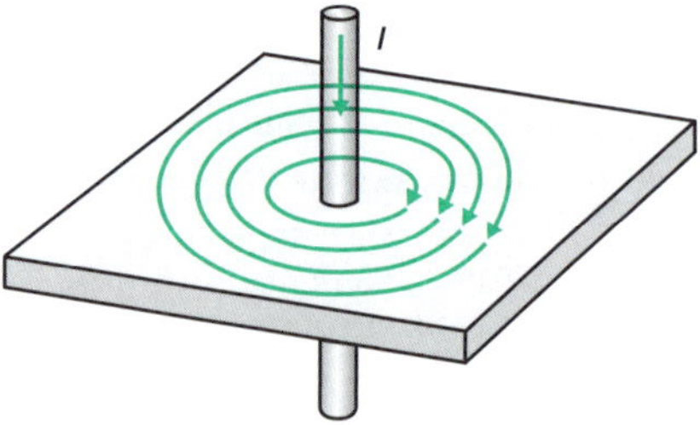

Diese Versuche zeigen einige Besonderheiten des magnetischen Felds, das in der Umgebung der Pole eines Dauermagneten in dieser Weise nicht zu beobachten ist:

- Das Magnetfeld eines gestreckten Drahtes kann man durch kreisförmige Feldlinien veranschaulichen, die den Draht konzentrisch umgeben.

- Die Feldlinien liegen in Ebenen, durch die der Draht senkrecht (orthogonal) hindurchtritt.

- Es gibt hier keine magnetischen Pole; die Feldlinien starten und enden *nicht* an Polen, sie haben weder Anfang noch Ende. Trotz dieser Eigenschaft hat es sich als zweckmäßig erwiesen, den magnetischen Feldlinien eine Orientierung (Richtungssinn) zuzuweisen. Man benützt die gleiche Definition, wie wir sie schon bei den Feldern von Dauermagneten kennengelernt haben (↗ Magnetismus, S. 97). Die Richtung der Feldlinien soll mit der Bewegungsrichtung eines beweglichen (Probe-) Nordpols übereinstimmen.
  Für die Praxis ist der folgende Freihand-Versuch besser geeignet: Wird eine kleine Kompassnadel durch das Magnetfeld eines stromdurchflossenen Drahtes beeinflusst – erkennbar daran, dass *keines* ihrer Enden (keiner ihrer Pole) in Richtung des Drahtes weist –, so zeigt ihr Nordpol die Richtung der (unsichtbaren) Feldlinie an.

- Wird die Stromrichtung im Draht umgekehrt (durch Vertauschen der Anschlüsse an der Stromquelle), so dreht sich die Kompassnadel um 180°. Die Orientierung des Magnetfelds ist also abhängig von der Stromrichtung. Kommt der Strom „von unten her“ durch die Pappscheibe, so verlaufen die magnetischen Feldlinien entgegen dem Uhrzeigersinn.

Wird der stromdurchflossene Draht zu einer Drahtschlinge gebogen, so wird das den Draht umgebende Magnetfeld mitgenommen. Im Innenraum der Drahtschlinge verlaufen die mag-

netischen Feldlinien in gleicher Orientierung. Durch Zusammenwirken der Feldlinien von jedem Drahtstück verstärken sich deshalb hier die magnetischen Wirkungen.
Für eine rasche Vorhersage hat sich die ***Rechte-Faust-Regel*** bewährt:

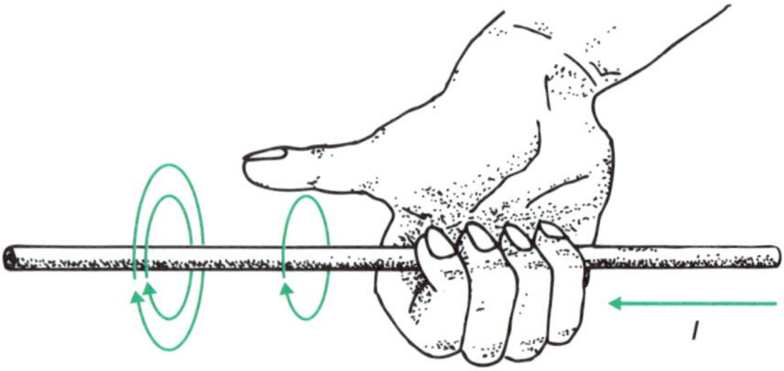

Hält man den Daumen der rechten Hand in die Richtung des fließenden Stroms (er weist dann in Richtung zum Minuspol der Quelle!), so zeigen die Finger der gekrümmten Faust die Richtung der magnetischen Feldlinien.

Das Magnetfeld einer stromdurchflossenen Spule

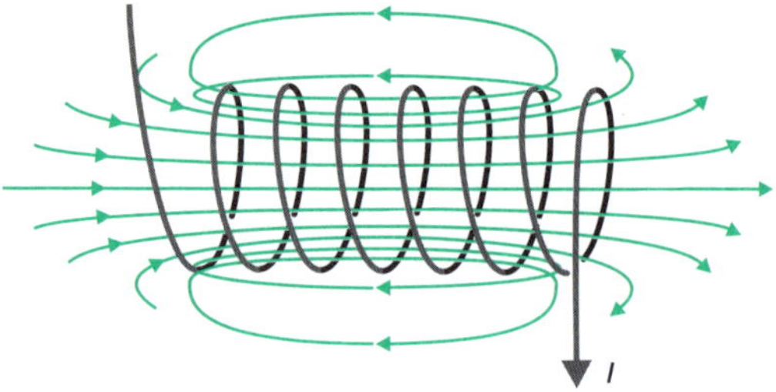

Wird der stromführende Draht zu einer Spule gewickelt, so verstärkt sich das Magnetfeld im Innenraum der Spule. Auch wenn die Windungen aus isoliertem Draht übereinanderliegen, erhält man im Innenraum starke Magnetfelder. Je mehr Windungen

eine Spule hat (bei gleicher Spulenlänge) und je größer die Stromstärke ist, desto größer sind auch die magnetischen Wirkungen.
Eine dicht mit Draht bewickelte Spule zeigt große Ähnlichkeit mit einem Stabmagneten: Ihre Stirnflächen wirken wie die Pole eines Magneten; der Nordpol einer Kompassnadel wird von einer Stirnfläche angezogen, dagegen von der anderen Spulenseite abgestoßen.
Steckt man einen Eisenkern in den Feldraum, so wird dieser zu einem Stabmagneten mit sehr starken magnetischen Wirkungen an seinen Endflächen und mit 2 Polen, die man nach Wunsch vertauschen, aber auch ein- oder ausschalten kann! In dieser Form spricht man von einem ***Elektromagneten***, der in der Technik viele Anwendungen findet (Klingel, Relais, Lautsprecher, Schrotthebe-Magnet).

Kraft auf Ströme im Magnetfeld

BEACHTE In diesem Kapitel ist nicht vom Magnetfeld des stromdurchflossenen Drahts die Rede!

Wird ein stromdurchflossener (geradliniger) Leiter zwischen die Pole eines Hufeisenmagneten gebracht, so erfährt er eine (magnetische) Kraft.

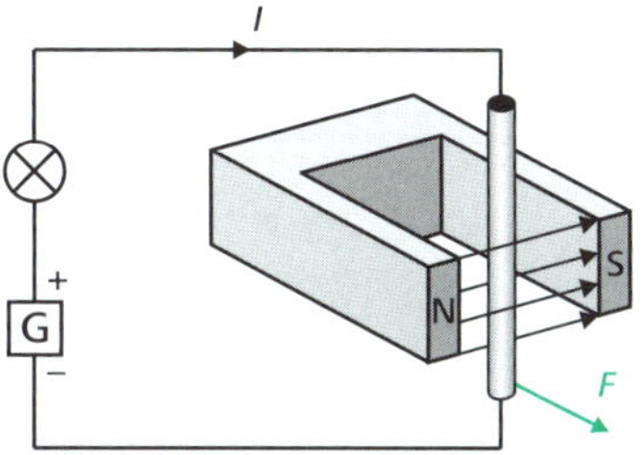

Wenn man den Leiter nicht befestigt, so bewegt er sich in Richtung dieser Kraft: Sie wirkt stets senkrecht (orthogonal) zur Richtung der magnetischen Feldlinien des Hufeisenmagneten und

stets orthogonal zur Richtung des Leiters. Auf *ruhende* elektrische Ladungen haben Magnetfelder keine Wirkungen. Erst wenn sich die Ladungen im Magnetfeld bewegen (also Strom fließt), tritt diese Kraft auf. Sie wird nach ihrem Entdecker *Hendrik A. Lorentz* (1853–1928) als ***Lorentzkraft*** bezeichnet.
Die Lorentzkraft ist umso größer,

- je länger das Leiterstück ist, das sich im Magnetfeld befindet,
- je größer die Stromstärke ist und
- je stärker das Magnetfeld ist, in das der Leiter gebracht wird.

Die Richtung der Lorentzkraft ist stets orthogonal zur Bewegungsrichtung der elektrischen Ladungen und orthogonal zur Richtung der magnetischen Feldlinien. Auch hierfür existiert eine praktische Regel: die ***Rechte-Hand-Regel***.
Spreizt man Daumen, Zeige- und Mittelfinger der rechten Hand, so bilden diese (annähernd) ein sogenanntes orthogonales Dreibein.

MERKE Hält man den Daumen in Richtung des Stromes (zum Minuspol der Quelle!), den Zeigefinger in Richtung des Magnetfelds (zum Südpol des Magneten!), so zeigt der Mittelfinger die Richtung der Lorentzkraft an.

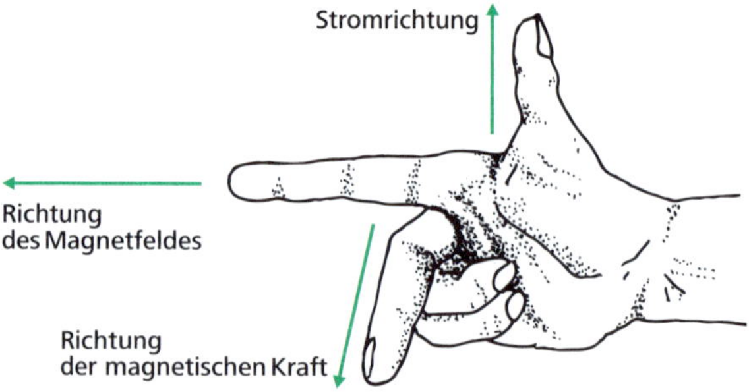

Lorentzkräfte bewirken die Drehung des Zeigers eines Drehspulinstruments (↗ S. 110), die Ablenkung des Elektronenstrahls in

8.11 Energieübertragung mit Wechselstrom

Die elektrische Energie kommt aus den Kraftwerken in Form von ***Wechselstrom*** ins Haus. Dies hat einige Vorteile – obwohl viele Geräte (Fernseher, Radioapparate, Computer etc.) Gleichstrom zu ihrem Betrieb benötigen. Durch vorgeschaltete Gleichrichter wird deshalb aus dem Wechselstrom Gleichstrom gewonnen.

Vorteile eines Wechselstromnetzes:

- Wechselspannungen kann man *transformieren*, d. h. den Spannungswert am Ort des Verbrauchers beliebig verkleinern – aber auch vergrößern, und damit
- den *Verlust* an elektrischer Energie verringern, der wegen der viele Kilometer langen Zuleitungen vom Kraftwerk zum Verbraucher entsteht. Denn je höher die Spannung ist, desto kleiner kann die Stromstärke sein – für die gleiche Leistung $P = U \cdot I$. Der Verlust in Form von (Wärme-)Leistung hängt nämlich nach $P = I^2 \cdot R$ quadratisch von der Stromstärke ab!
- Generatoren und Motoren für Wechselspannung sind einfacher zu bauen und benötigen weniger Wartung. (Die Schleifkontakte der Stromzuführung können entfallen.)

Der Transformator

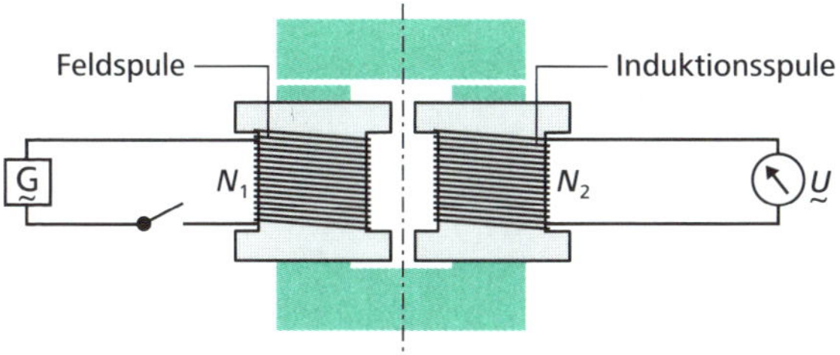

Ein wichtiges Bauteil bei der Energieübertragung ist der ***Transformator***. Er besteht aus zwei Spulen, die keine elektrische Verbindung miteinander haben, nur das gleiche Magnetfeld herrscht in ihrem Innenraum. Die Spulen stecken über den Schenkeln eines (meist) U-förmig gebogenen Eisenkerns, der durch ein Joch geschlossen ist. Wird eine Spule – Feldspule oder *Primärspule* genannt – an eine Wechselspannungsquelle angeschlossen, so kann an den Klemmen der anderen Spule – der Sekundär- oder Induktionsspule – dann ebenfalls eine Wechselspannung entnommen werden. Der Betrag dieser Sekundärspannung kann kleiner oder größer sein als der Betrag der Spannung an der Primärspule: Die Spannungen werden *transformiert*! Durch das sich rasch ändernde Magnetfeld wird in der Sekundärspule die Spannung induziert (↗ S. 131); Transformatoren „arbeiten" ausschließlich mit *Wechsel*strömen.

Wenn bei einem Transformator die Feldspule und die Induktionsspule die gleiche Windungszahl haben ($N_2 = N_1$), so ist die induzierte Spannung U_2 (*Sekundärspannung*) genauso groß wie die *Primärspannung* U_1. Bei doppelter Windungszahl $N_2 = 2 \cdot N_1$ ist $U_2 = 2 \cdot U_1$, d.h., die Sekundärspannung ist doppelt so groß wie die Primärspannung.

MERKE Bei einem Transformator verhalten sich die Spannungen an den beiden Spulen wie die entsprechenden Windungszahlen:

$$\frac{U_2}{U_1} = \frac{N_2}{N_1}.$$

BEISPIEL Betragen bei einem Transformator die Windungszahlen $N_1 = 2300$ und $N_2 = 40$, so wird die Netzspannung $U_1 = 230\,\text{V}$ auf den (ungefährlichen) Wert

$$U_2 = \frac{40}{2300} \cdot 230\,\text{V} = 4\,\text{V}$$

„heruntertransformiert", d.h., das kleine Lämpchen einer Taschenlampe könnte – ohne Schaden zu nehmen – an der Steckdose betrieben werden.

In den käuflichen „Steckernetzteilen" wird die Spannung der Steckdose auf ungefährliche 4 V, 6 V, 7,5 V oder 9 V heruntertransformiert und anschließend wieder in Gleichspannung verwandelt.

Im gleichen Verhältnis kann man auch die Spannung der Steckdose auf einen Wert

$$U_2 = \frac{2300}{40} \cdot 230\,\text{V} = 13\,225\,\text{V}$$

„hochtransformieren“ – wenn man die Primärspule mit der Sekundärspule vertauscht, d. h. die Spule mit 40 Windungen als Primärspule einsetzt.
In der *Zündspule* eines Autos – einem Transformator – wird die Bordspannung $U = 12\,\text{V}$ auf die zur Zündung des Funkens der Zündkerze (zwischen 5000 V und 20 000 V) notwendige Spannung hochtransformiert. Dazu wird der Primärstromkreis durch eine elektronische Schaltung, welche die augenblickliche Stellung des Kolbens in jedem Zylinder erkennt, periodisch ein- und ausgeschaltet. Bei jedem Schaltvorgang ändert das Magnetfeld in der Zündspule seine Stärke und es kommt zur Induktion.

Da bei einem Transformator die Leistung, die man der Sekundärseite entnimmt, gleich der Leistung ist, die die Primärseite dem Netz abverlangt ($P_1 = P_2$), kann man auch von einer Transformation der Ströme sprechen.

8

Mit einem Transformator, dessen Spulen die Windungszahlen N_2 und N_1 besitzen, kann man Wechsel*spannungen*, aber auch Wechsel*ströme* transformieren:

$$\frac{U_2}{U_1} = \frac{I_1}{I_2} = \frac{N_2}{N_1}.$$

Spannungen werden im Verhältnis der Windungszahlen der entsprechenden Spulen transformiert, Stromstärken im umgekehrten Verhältnis.

BEISPIEL Beim Elektroschweißen wird die Netzspannung durch einen „Schweißtransformator“ auf einen ungefährlichen Wert von ca. 23 V – also im Verhältnis 230 V : 23 V = 10 – heruntertransformiert. Im gleichen Verhältnis lässt sich die Stromstärke transformieren. Ist die *Primär*seite des Transformators mit einer Sicherung von 16 A abgesichert, so würde diese erst bei einer Stromstärke von 160 A im *Sekundärstromkreis* unterbrechen. Bei dieser großen Stromstärke kann man zwischen den Elektroden einen Lichtbogen erzeugen, dessen Gas Temperaturen bis zu 4 000 °C erreicht – eine Temperatur, bei der alle Metalle schmelzen.

Teste dein Wissen!

Kapitel „Elektrizitätslehre“	O.K. ✓	Das muss ich noch mal lesen
Ich kann elektrische Leiter und Nichtleiter nennen.		S. 106
Ich kann Schaltskizzen mit den genormten Symbolen zeichnen.		S. 107
Ich kann die *Reihen-* und *Parallelschaltung* erklären und skizzieren.		S. 107, 108
Ich kann die technische (= konventionelle) und physikalische *Stromrichtung* benennen.		S. 109
Ich kann den Zusammenhang der Größen *Ladung* und *Stromstärke* erklären und kenne die Einheiten.		S. 111–113
Ich kann den Energieumsatz eines elektrischen Geräts berechnen.		S. 114–116
Ich kann beschreiben, von welchen Eigenschaften der *Widerstand* eines Metalldrahts abhängt.		S. 117
Ich kann das *Ohm'sche Gesetz* erklären.		S. 118
Ich kann die Gesetze im unverzweigten Stromkreis erklären.		S. 120
Ich kann die *Kirchhoff'schen Gesetze* erklären und *Ersatzwiderstände* berechnen.		S. 123–125
Ich kann mit der *Rechten-Hand-Regel* die Richtung der Lorentzkraft ermitteln.		S. 130
Ich kann die elektromagnetische *Induktion* erklären.		S. 131
Ich kann die *Lenz'sche Regel* erklären.		S. 132
Ich kann die prinzipielle Funktionsweise eines *Transformators* erklären.		S. 133–136

9 Kernphysik

Unsere wichtigste Energiequelle ist die Sonne. Mindestens seit vor etwa 4,5 Milliarden Jahren die Erde entstand, schickt sie einen ungeheuer großen Energiestrom ins Weltall. Weniger als ein Milliardstel davon trifft unseren Planeten. Doch ist dies in einer Viertelstunde mehr Energie, als in einem ganzen Jahr aus Erdöl und Kohle gewonnen wird!

Lange Zeit hat man gerätselt, welche Prozesse auf der Sonne einen derart lang anhaltenden und nahezu gleichbleibend großen Energiestrom ermöglichen.

Die Energie der Sonne stammt aus den *Kernen* von Atomen. Bei etwa 20 Millionen Grad, der Temperatur im *Sonneninnern*, verschmelzen Atomkerne. Dabei wird Energie frei, die in Form von Strahlung ins Weltall abgegeben wird.

9.1 Vorstellungen vom Aufbau der Atome: Kern-Hülle-Modell

Seit Beginn des 20. Jahrhunderts hat man Methoden entwickelt, mit denen man auch den inneren Aufbau von Atomen untersuchen kann. Aus den Ergebnissen vieler Versuche hat sich eine Vorstellung vom Aufbau der Atome entwickelt, die man heute als ***Kern-Hülle-Modell*** bezeichnet: Nach dem Stand unserer heutigen Kenntnisse besteht jede Materie aus Atomen (Durchmesser $\approx 10^{-10}$ m = der 10-millionste Teil eines Millimeters), kugelförmigen Gebilden, in denen sich negativ geladene Elementarteilchen – Elektronen – aufhalten. In jedem Atom werden die Elektronen von einem positiv geladenen ***Atomkern*** (Durchmesser $\approx 10^{-15}$ m) in der ***Atomhülle*** gehalten. Darunter versteht man den

Aufenthaltsbereich der Elektronen, er besitzt jedoch keine feste äußere Abgrenzung.
Die Atomkerne bestehen wiederum:

- aus positiv geladenen Protonen und
- aus ungeladenen Neutronen.

Protonen und Neutronen haben (fast) die gleiche Masse, etwa 2000-mal so viel wie ein Elektron.

Das Atom als Ganzes ist elektrisch neutral, es besitzt genauso viele Elektronen wie Protonen. Die Anzahl der Protonen bestimmt die chemischen Eigenschaften, das Element, zu dem das Atom gehört. Ein Atom mit *einem* Proton im Kern ist ein Wasserstoffatom, eines mit 2 Protonen ein Heliumatom, eines mit 92 Protonen ein Uranatom.
Im Periodensystem der Elemente (vgl. PT Chemie, S. 24 ff.) sind Atomarten nach ihrer Protonenzahl geordnet; die Protonenzahl wird daher oft auch als *Ordnungszahl* bezeichnet.
Außerdem gibt man die *Massenzahl* eines Atoms an. Dabei addiert man die Anzahl aller Protonen und Neutronen. Sauerstoff zum Beispiel hat die Massenzahl 16, da sein Kern aus 8 Protonen und 8 Neutronen zusammengesetzt ist.

Atome eines bestimmten Elements haben zwar immer die gleiche Protonenzahl, sie können aber unterschiedlich viele Neutronen besitzen. Man nennt diese Kerne ***Isotope*** des gleichen Elements, sie unterscheiden sich in der Massenzahl (auch: Nukleonenzahl). Zur Kennzeichnung eines bestimmten Isotops schreibt man an das chemische Symbol des Elementenamens die Massenzahl und die Ordnungszahl. Der Kern eines „normalen" Sauerstoffatoms wird als ${}^{16}_{8}O$ geschrieben, eines seiner Isotope ist ${}^{17}_{8}O$, gelegentlich findet man auch Schreibweisen wie ${}_{8}O^{17}$ oder O-17.

Atome können Elektronen verlieren, wenn man ihnen Energie zuführt oder sie mit anderen Atomen oder Teilchen „beschießt". Es bleibt dann ein positiv geladenes Teilchen zurück – ein positives ***Ion***.

9.2 Energie aus Atomkernen

Vom Wasserstoff abgesehen, haben alle Atomkerne 2 oder mehr Protonen. Da sie gleichnamige elektrische Ladungen tragen, üben sie abstoßende Kräfte aufeinander aus. Gäbe es nur diese Kräfte, so würden alle Atomkerne schon längst zerplatzt sein. Da es aber stabile Atomkerne gibt, müssen im Atomkern noch weitere Kräfte wirksam sein, die den Kern zusammenhalten. Sie heißen ***Kernkräfte***.
Kernkräfte wirken zwischen allen Kernteilchen anziehend, sowohl zwischen den Protonen als auch zwischen den Neutronen und untereinander. Im Unterschied zu elektrischen Kräften ist ihre Reichweite sehr begrenzt, sie wirken nur auf den unmittelbaren Nachbarn. Die Kernkräfte sind jedoch außerordentlich starke Kräfte, sodass man glaubte, einen Atomkern niemals zertrümmern zu können.

Kernspaltung

Im Dezember 1938 bestrahlten die Chemiker *Otto Hahn* (1879–1968) und *Fritz Straßmann* (1902–1980) Uranatome mit Neutronen. Zu ihrer Überraschung fanden sie in ihrer Uranprobe nach einigen Wochen des Beschusses mit Neutronen das Element Barium und das Edelgas Krypton. Hahn und Straßmann hatten Urankerne *gespalten*; die Summe der Ordnungszahlen der Trümmer $_{56}$Ba und $_{36}$Kr ergibt ein Element der Ordnungszahl 92 – Uran. (Später fand man, dass ein Urankern auch noch in andere Trümmerstücke gespalten werden kann.) Ihre ehemalige Mitarbeiterin *Lise Meitner* (1878–1968) errechnete sofort, dass bei einer Kernspaltung gewaltige Energiemengen freigesetzt werden. Wenn man alle Atome von 1 g Uran (hat etwa die Größe eines Kirschkerns) spalten könnte, würde genau so viel Energie frei wie bei der Verbrennung von 2300 kg Steinkohle.
Bei der von *Hahn* und *Straßmann* durchgeführten Kernspaltung wird dem Atomkern zunächst Energie durch das Neutron zugeführt. Aufgrund seiner Neutralität kommt das Neutron in den

Kernbereich und regt diesen zu Schwingungen an. Der Kern nimmt kurzzeitig die Form einer Hantel an, wie dies gelegentlich auch bei schwingenden Wassertropfen oder großen Seifenblasen zu beobachten ist. An der Einschnürungsstelle werden die Kernbausteine so weit voneinander entfernt, dass die anziehenden Kernkräfte kleiner sind als die abstoßenden elektrischen Kräfte – der Kern spaltet sich.
Die Kernspaltung gelingt nur bei Kernen mit einer großen Anzahl von Kernbausteinen. Nur dann werden an der Einschnürungsstelle genügend viele Kernbausteine aus der Reichweite der Kernkräfte entfernt. Es kommen also für die Kernspaltung nur Elemente mit großer Massenzahl in Frage. In den Kernkraftwerken wird das Element Uran $^{235}_{92}U$ gespalten, es hat die meisten Protonen aller in der Natur vorkommenden Elemente.
Bei der Spaltung entstehen zwei (oder mehrere) neue Atomkerne, die mit großer Bewegungsenergie davonfliegen. Ihre Energie war zuvor als Kernenergie im Atomkern gespeichert. Die Kernenergie, die bei der Spaltung eines Uranatoms frei wird, ist acht Milliarden Mal größer als die Bewegungsenergie des zur Spaltung nötigen Neutrons. Und ein weiterer Vergleich: Das Verbrennen von 1 kg Steinkohle liefert eine Energie von 9 kWh; das vollständige Spalten der Kerne von 1 kg Uran (einer Menge von etwa der Größe eines Golfballes) etwa 2 Millionen Mal so viel, nämlich $22{,}5 \cdot 10^6$ kWh. 9

Kettenreaktionen

Ein *langsames* Neutron kann die Spaltung eines $^{235}_{92}U$-Kerns auslösen. Kommt es zur Spaltung des Urankerns, so werden – zusätzlich zu den Spalttrümmerkernen – auch 2 oder 3 Neutronen freigesetzt. Sie sind in der Regel zu schnell ($\approx 10\,000\,\frac{\text{km}}{\text{s}}$), um einen benachbarten Urankern zu spalten. (Sie fliegen so rasch am Kern vorbei, dass dieser sie nicht einfangen kann.) Bremst man diese Neutronen jedoch auf ca. $2\,\frac{\text{km}}{\text{s}}$ ab, so können sie weitere Kernspaltungen auslösen und es kann sich eine ***Kettenreaktion*** entfachen. (In wasserstoffhaltigen Stoffen wie Wasser oder Paraffin können Neutronen durch Stöße mit den Protonen abgebremst werden.)

Bei einer *unkontrollierten Kettenreaktion* steigt die Anzahl der Kernspaltungen in Sekundenbruchteilen lawinenartig an. Dabei werden ungeheure Energiemengen in einer Explosion frei. Eine unkontrollierte Kettenreaktion findet bei der Zündung einer Atombombe statt.

Zu einer unkontrollierten Kettenreaktion müssen jedoch 2 Bedingungen erfüllt sein:

- Es muss nahezu reines $^{235}_{92}U$ vorliegen. Das in der Natur vorkommende Uran besteht zu nur 0,7 % aus dem Isotop $^{235}_{92}U$ und zu 99,3 % aus dem Isotop $^{238}_{92}U$.
  Da das Isotop U-238 Neutronen „wegfängt", ist *Natururan* zu einer Kettenreaktion nicht fähig. Für eine Kettenreaktion muss zuvor das Isotop mit 146 Neutronen vom Isotop mit 143 Neutronen abgetrennt werden.
- Eine ausreichend große Menge an spaltbarem Material muss vorhanden sein, denn sonst verlassen zu viele Neutronen frühzeitig die Oberfläche. Eine Kettenreaktion setzt erst ein, wenn eine bestimmte *kritische Masse* vorhanden ist.
  Eine Atombombe zündet man, indem man mehrere unterkritische Massen, die einen gewissen Abstand voneinander haben, mit konventionellem Sprengstoff zu einer kritischen Massenanhäufung „zusammenschießt".

Bei einer *kontrollierten Kettenreaktion* muss die Anzahl der Kernspaltungen, die in einer Sekunde stattfinden, über einen längeren Zeitraum konstant bleiben. Von den 2 oder 3 Neutronen, die bei einer Kernspaltung entstehen, darf jeweils nur 1 Neutron eine weitere Kettenreaktion auslösen.

Man muss also der Kettenreaktion überzählige Neutronen entziehen. Dazu eignet sich neben $^{238}_{92}U$ das Metall Cadmium, an dessen Atomkerne sich Neutronen anlagern, ohne diese zu spalten.

Kernkraftwerk

In einem Kernkraftwerk findet eine *kontrollierte* Kettenreaktion statt. Als Brennstoff wird im Reaktor meist Uranoxid verwendet. Diese Uran-Sauerstoff-Verbindung enthält verschiedene Uranisotope, das spaltbare Isotop 235 muss zuvor bis zu 3 % angereichert worden sein. Bei dieser Konzentration kann jedoch keine *un*kontrollierte Kettenreaktion stattfinden.

Der Kernbrennstoff befindet sich, zu Tabletten gepresst, in metallenen Hüllrohren von ca. 4 m Länge. 200 fingerdicke Röhren bilden zusammen ein *Brennelement*.

Der Block eines modernen Kernkraftwerks von 1 GW (= 10^9 W) Leistung enthält etwa 100 t Uran. Die Brennelemente sind in einem wassergefüllten Behälter untergetaucht.

Das Wasser erfüllt zwei Aufgaben:

- Es kühlt die Brennelemente, nimmt also die Energie auf, die bei der Kernspaltung freigesetzt wird.
- Es bremst (*moderiert*) die Neutronen, sodass sie zu weiteren Kernspaltungen fähig sind.
  (Dem Wasser werden Borsalze beigegeben, die ebenfalls als Moderator geeignet sind. Durch Änderung der Borkonzentration kann die Kettenreaktion und damit die Energieproduktion gesteuert werden.)

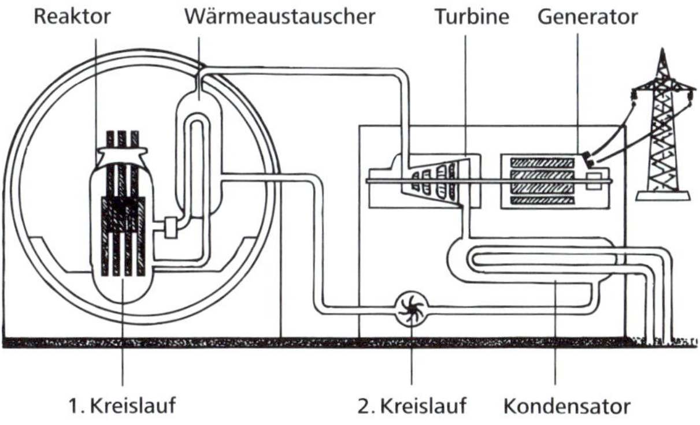

Mit *Regelstäben* kann man die Kettenreaktionen schneller steuern bzw. im Notfall schnell abschalten. Sie bestehen aus Cadmium und können in ganzer Länge zwischen die Brennstäbe eingeschoben werden.
Wird in einem Störfall die Kettenreaktion unterbrochen, so wird zwar keine Energie mehr durch Spaltung freigesetzt, doch enthält der Reaktor radioaktive Spaltprodukte, die ebenfalls Wärme produzieren. Ein abgeschalteter Reaktor muss deshalb weiterhin gekühlt werden.

Fast alle Kernkraftwerke in Deutschland enthalten einen *Druckwasserreaktor*. Das Wasser, das die Brennstäbe umspült, steht unter Druck, um das Sieden zu verhindern. Es bildet einen ersten geschlossenen Wasserkreislauf, denn das Wasser wird mit der Zeit von radioaktiven Spaltprodukten angereichert. In einem *Wärmetauscher* gibt dieses Kühlwasser seine Energie an einen zweiten Kreislauf ab, in dem Wasser verdampft. Der heiße, nicht radioaktive Dampf treibt die Turbine und einen angeschlossenen Generator an. Im Anschluss an die Turbine wird der Dampf in einem weiteren Wärmetauscher, der von Kühlwasser durchflossen ist, kondensiert und zum ersten Wärmetauscher zurückgepumpt.
Bei den älteren *Siedewasserreaktoren* (Tschernobyl!) entfällt der zweite Wasserkreislauf. Das Wasser um die Brennelemente siedet noch im Reaktordruckgefäß. Der radioaktive Dampf wird direkt auf die Turbinen geleitet. Aus Sicherheitsgründen werden diese Reaktoren bei uns nicht mehr gebaut.

Kernkraftwerke erzeugen kostengünstig und umweltfreundlich Energie (Kohle und Erdöl sind eigentlich viel zu schade, um verbrannt zu werden!). Die Risiken beim Betrieb eines Kernkraftwerks sind im Austritt von radioaktiven Spaltprodukten bei einem Störfall zu sehen. Es werden zwar alle erdenklichen Maßnahmen zu einem sicheren Einschluss der Radioaktivität unternommen, ein letztes Restrisiko verbleibt jedoch immer. Der GAU (größter *a*nzunehmender *U*nfall) einer Kernschmelze (in

Tschernobyl eingetreten) kann für die Reaktoren in Deutschland ausgeschlossen werden.

Das größte Problem bereitet derzeit die ungelöste Frage nach der Entsorgung der abgebrannten Brennelemente bzw. nach der Endlagerung der hochradioaktiven Spaltprodukte, die sie nach einem mehrjährigen „Abbrand" enthalten. Dies und der beschlossene Atomausstieg sind die Gründe dafür, dass derzeit in der BRD keine weiteren Kernkraftwerke in Planung sind. Es darf jedoch nicht übersehen werden, dass ca. 29 % „unseres Stromes" aus Kernenergie (in Frankreich 78 %) stammen und das letzte von derzeit 18 aktiven KKWs in der BRD 2021 vom Netz geht und dann verschrottet (und ebenfalls entsorgt) werden muss.

Aus physikalischen Gründen kann ein Reaktor niemals wie eine Atombombe explodieren. Selbst wenn alle Notkühlsysteme versagen sollten und das Kühlwasser verdampfen oder abfließen sollte, würde die Kettenreaktion sofort abbrechen, da die Moderation der Neutronen entfällt. Ungebremste, schnelle Neutronen können bei der geringen Konzentration von U-235 keine Kettenreaktion auslösen.
Auch Plutonium $^{239}_{94}Pu$ ist von Neutronen spaltbar und als Kernbrennstoff tauglich. Es entsteht in jedem Kernkraftwerk als Nebenprodukt durch Kernreaktionen; in der Natur kommt es nicht vor. Da es hochradioaktiv (↗ S. 146 f.) ist und als Waffenmaterial verwendet werden kann, scheut man sich derzeit in der BRD noch, es in Kernkraftwerken einzusetzen. Seine Entsorgung bereitet große Probleme. Die heutigen Reaktoren nutzen nur etwa 1 % der in Uran enthaltenen Energie aus. Beim Projekt *Schneller Brüter* ist daran gedacht, durch Neutroneneinfang aus dem nicht spaltbaren Uranisotop ^{238}U Plutonium zu „erbrüten", das dann wieder in Kernkraftwerken als Brennstoff dienen könnte. (Aus dem ^{238}U entsteht zunächst ^{239}U, das dann in Plutonium zerfällt.) Damit ließen sich bis zu 60 % der im Uran steckenden Energie ausschöpfen und die zur Neige gehenden Uranvorräte noch auf einige Jahrzehnte „strecken".

Kernfusion

Neben der Kernspaltung schwerer Atomkerne existiert noch ein weiterer Prozess, der Kernenergie freisetzt: *die Verschmelzung leichter* Atomkerne (***Kernfusion***). Gelingt es beispielsweise, 2 Wasserstoffkerne – gegen die abstoßenden elektrischen Kräfte der Protonen – sehr nahe zusammenzubringen, verschmelzen sie zu einem Helium-Kern. Dabei wird eine gewaltige Energiemenge frei; wiederum viele Milliarden Mal mehr, als man zuvor zur Annäherung der Protonen aufbringen muss. Diese Reaktion kommt nur in Gang bei Temperaturen von mehreren Millionen Grad. Erst dann ist die Geschwindigkeit der Protonen so groß, dass die abstoßenden Kräfte überwunden werden.
Der einzige Beweis dafür, dass diese Reaktion wirklich Energie freisetzt, ist – neben dem Sonnenlicht – die Existenz der Wasserstoffbombe, bei der zur Zündung eine „normale" Atombombe (Kernspaltungsbombe) eingesetzt wird.

9.3 Die Radioaktivität

Bei der Entstehung der Elemente – wenige Minuten nach dem „Urknall" – haben sich Protonen und Neutronen zu Atomkernen verbunden. Bei den damals im Weltall herrschenden Druck- und Temperaturbedingungen bildeten sich die verschiedensten Kerne, die – als das Weltall abkühlte – sich zum Teil als instabil erwiesen. Bei vielen Kernen war das Verhältnis von Protonen zu Neutronen ungünstig, sie zerfielen und bei manchen Kernen findet noch heute dieser Prozess statt – sie sind radioaktiv.
Auf der Erde finden wir heute Elemente mit stabilen Kernen bis zur Ordnungszahl 92 (Uran) vor. Elemente höherer Ordnungszahl sind in der Vergangenheit vollständig zerfallen. Einige davon können heute wieder künstlich hergestellt werden. Aber auch viele natürliche und künstlich hergestellte Isotope zerfallen unter Aussendung radioaktiver Strahlung. Von den etwa 2000 bekannten Isotopen sind nur etwa 100 stabil. Man könnte sagen,

der radioaktive Zerfall ist der Normalfall der Natur, die stabilen Kerne sind die Ausnahmen.

Jeder radioaktive Zerfall ist mit einer Elementumwandlung verbunden. Die Atomkerne eines Elements wandeln sich in Atomkerne eines anderen Elements um.
Instabile Kerne – meist die ganz schweren Kerne, aber auch die sehr leichten, bei denen das Verhältnis von Protonen zu Neutronen ungünstig ist – zerfallen spontan, ohne dass sie dazu angeregt oder „beschossen" werden müssten. Dieser Vorgang heißt ***radioaktiver Zerfall***.
Es gibt im Wesentlichen 2 verschiedene Zerfallsarten:

- α-Zerfall: Ein Kern sendet kleine Bruchstücke aus, die aus 2 Protonen und 2 Neutronen bestehen.
  „α-Teilchen" sind die Kerne von Helium $^{4}_{2}He$. Dabei verwandelt sich der Kern in einen anderen Kern, dessen Ordnungszahl um 2 und dessen Massenzahl um 4 kleiner ist.
  Beispiel: $^{238}_{92}U \rightarrow {}^{234}_{90}Th + {}^{4}_{2}He$. U-238 zerfällt in ein Thoriumisotop Th-234 unter Aussendung eines α-Teilchens.
- β-Zerfall: Ein Kern sendet ein Elektron aus. (β-Teilchen haben sich als Elektronen erwiesen.)
  Das Elektron, das beim β-Zerfall ausgesandt wird, ist zuvor *nicht* im Kern vorhanden, es entstammt *nicht* der Atomhülle! Vielmehr zerfällt – noch im Kern – ein Neutron in ein Proton und in ein Elektron. Das Elektron entweicht (als β-Teilchen), das Proton verbleibt im Kern. Beim β-Zerfall ändert sich die Protonenzahl um + 1, die Massenzahl bleibt konstant.
  Beispiel: $^{234}_{90}Th \rightarrow {}^{234}_{91}Pa + e$

Ein Thoriumkern zerfällt in einen Protactiniumkern unter Aussendung eines Elektrons (β-Teilchens).
Bei einem radioaktiven Zerfall wird außer den Teilchen oft noch Energie in Form von γ-Strahlung abgegeben.
α, β und γ sind Bezeichnungen für unterschiedliche Strahlungsarten, entstanden zu einer Zeit, da man die Natur der Teilchen noch nicht kannte.

Einige weitere Besonderheiten des radioaktiven Zerfalls:

- Zu welchem Zeitpunkt ein bestimmter Atomkern zerfällt, lässt sich nicht vorhersagen und auch nicht beeinflussen. Der Zerfall erfolgt spontan, d. h., ein bestimmter Atomkern, der schon Milliarden Jahre existiert, kann sich vielleicht genau in diesem Moment zu einem Zerfall „entschließen", aber vielleicht auch noch Tausende von Jahren damit „warten".
- Die bei einem Zerfall entstehenden Kerne sind häufig wieder instabil, sie zerfallen weiter. Es ergeben sich dann ***Zerfallsreihen***. So zerfällt beispielsweise $^{238}_{92}U$ über 13 Zwischenstufen, bis letztlich das stabile Blei-Isotop $^{206}_{82}Pb$ entsteht.
- Bei radioaktiven Stoffen zerfallen die Kerne des ursprünglichen Elements. Wie viele davon in einer bestimmten Zeit zerfallen, ist von Element zu Element verschieden und hängt zudem von der Ausgangsmenge ab. Man beschreibt dies durch die ***Halbwertszeit***.

MERKE Die Halbwertszeit ist die Zeitspanne, in der jeweils die Anzahl der radioaktiven Kerne auf die Hälfte ihres ursprünglichen Werts abgesunken ist.

Nach Ablauf einer Halbwertszeit zerfallen pro Sekunde halb so viele Kerne wie zuvor.
Jedes Element hat eine typische Halbwertszeit, die einige Millisekunden, aber auch Milliarden von Jahren betragen kann: Bei Kalium $^{40}_{19}K$ sind es $1{,}28 \cdot 10^9$ Jahre, bei Radium $^{226}_{88}Ra$ sind es 1620 Jahre, bei Polonium $^{216}_{84}Po$ sind es nur 0,15 ms. Die Halbwertszeit lässt sich in keiner Weise beeinflussen. Sie ist so typisch für ein bestimmtes Isotop, dass man durch Messung der Halbwertszeit das radioaktive Element identifizieren kann.

- Radioaktive Substanzen, die Elemente mit großer Halbwertszeit enthalten, sind praktisch gleichbleibend radioaktiv. Bei Halbwertszeiten von Tausenden von Jahren macht sich der jährliche Verlust an Kernen nicht bemerkbar. Das bei der Katastrophe von Tschernobyl im April 1986 durch Winde über ganz Europa zerstreute radioaktive Cäsium-Isotop $^{137}_{35}Cs$ hat eine Halbwertszeit von 30 Jahren. Aus diesem Grund sind heute – nach weit mehr als der Hälfte der Halbwertszeit – noch überall Cäsium-Atome aus Tschernobyl nachweisbar.

Die Gefahren radioaktiver Strahlung

α- und β-Teilchen, aber auch die γ-Strahlung, rufen Schädigungen im menschlichen Körper hervor. Alle drei führen sie Energie mit und können damit ionisieren.

Dringt die Strahlung in Materie ein, so werden darin Ionenpaare erzeugt. Man nennt die Strahlung daher auch *ionisierende Strahlung*. Bei der Ionisation werden einzelne Elektronen aus der Atomhülle herausgeschlagen. Die Atome sind anschließend nicht mehr neutral, die Ladung des überzähligen Protons macht sich bemerkbar; man bezeichnet sie als *positive Ionen* (↗ S. 139).

Diese Ionen (und die freigesetzten Elektronen) führen zu chemischen Veränderungen unserer Körperzellen und schädigen die Chromosomen. Daraus können Krebserkrankungen entstehen, aber auch Schädigungen an den Erbanlagen. Da eine radioaktive Bestrahlung zunächst keine Schmerzen verursacht und Erkrankungen sich häufig erst lange Zeit danach bemerkbar machen, sollte man sich niemals *bewusst* einer radioaktiven Strahlung aussetzen.

Völlig können wir uns der radioaktiven Strahlung nicht entziehen. Mit der Nahrung nehmen wir täglich radioaktive Elemente auf (besonders radioaktive Kalium-Isotope); in der Atemluft sind Spuren radioaktiver Gase enthalten (besonders Radon).

Radon entsteht beim Zerfall von Radium und entweicht aus Gesteinen und Baustoffen, die in geringen Mengen Radium enthalten (Beton enthält radioaktive Isotope). In Gebieten mit Granit (Fichtelgebirge, Schwarzwald) oder mit vulkanischen Gesteinen (Eifel) ist der Radongehalt besonders hoch. Es dringt dort durch Risse des Grundgesteins in die Kellerräume der Häuser ein. Häufiges Lüften der Wohnräume ist dort empfehlenswert.

Wie man sich vor Schädigungen durch Radioaktivität schützen kann

Man muss davon ausgehen, dass jede Art ionisierender Strahlung schädlich ist (dazu zählt auch die Röntgenstrahlung), umso mehr, je stärker die Strahlung und je länger die Einwirkungsdauer ist. Doch gibt es zwischen α, β und γ Unterschiede. Die Gefährlichkeit von α-Teilchen wird zwar als etwa 20-mal größer als die von β-Teilchen oder γ-Strahlung angesehen, doch kann man sich vor α- und β-Teilchen leicht aktiv schützen – mit Ausnahme des Falls radioaktiver Stoffe, die wir *inkorporieren*, d.h. durch die Nahrung oder Atmung aufnehmen (müssen).

Die ionisierende Strahlung durchdringt Materie sehr unterschiedlich:

- Wie in Schulversuchen gezeigt werden kann, haben α-Teilchen in Luft eine Reichweite von höchstens 10 cm. Als Helium-Kerne sind sie nicht in der Lage, selbst ein dünnes Blatt Papier zu durchdringen.
  Man kann beispielsweise in *Nebelkammern* die Reichweite bestimmen. An den entlang der Flugbahn gebildeten Ionen kondensiert Wasserdampf. Die Wassertröpfchen bilden sichtbare Spuren, ähnlich den Kondensstreifen von Flugzeugen.
- β-Teilchen haben in Luft Reichweiten von bis zu 30 cm; doch Metallbleche von einigen Millimetern Dicke können sie nicht durchdringen.
- γ-Strahlung ist eine besonders energiereiche Art von Licht und verhält sich in der Ausbreitung auch wie Licht. Luft wird ungehindert durchdrungen. Dagegen schwächen Bleiplatten ab, jedoch immer nur einen gewissen Prozentsatz. Wie bei Röntgenstrahlen schützt man sich auch vor γ-Strahlen beim Experimentieren durch möglichst dicke Bleiplatten.

Wie man radioaktive Strahlung misst

Das Prinzip aller Mess- oder Nachweisgeräte für Radioaktivität beruht auf der ionisierenden Wirkung der Strahlung. Wie sichtbares Licht eine Fotoplatte schwärzt (nach der Entwicklung), so werden auch Filme durch radioaktive Einwirkung geschwärzt. Angestellte in Kernkraftwerken müssen deshalb, wie Leute, die Röntgengeräte bedienen, ein *Filmdosimeter* tragen. Das in einer Kunststoffhülle eingebettete Filmstückchen wird regelmäßig ausgetauscht und entwickelt. An der Schwärzung lässt sich die Strahlenbelastung erkennen.

Mit einem ***Zählrohr*** können einzelne α- und β-Teilchen registriert und gezählt werden. Das Gerät wurde 1928 von den deutschen Physikern *Hans Geiger* und *Walter Müller* erfunden; es wird daher auch als *Geiger-Müller-Zähler* bezeichnet.

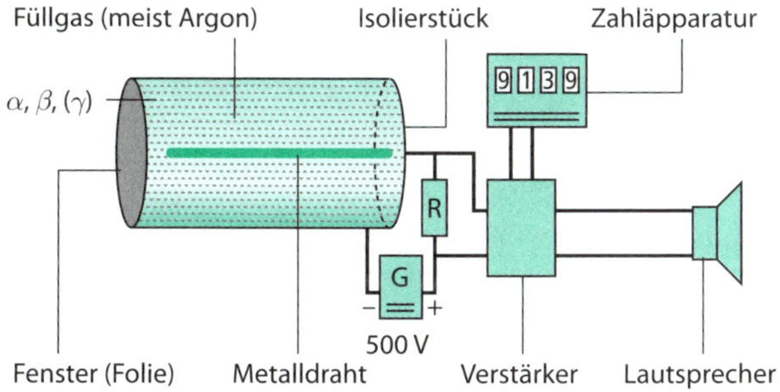

Zählrohr nach Geiger und Müller

9

In der Mitte eines Metallrohrs ist ein Metalldraht gespannt. Hülle und Metalldraht sind über einen Widerstand mit einer elektrischen Spannungsquelle verbunden. Dringt ein ionisierendes Teilchen durch ein spezielles Fenster in den Innenraum, so werden dort im Füllgas Ionenpaare erzeugt und es fließt für einen kurzen Augenblick ein elektrischer Strom durch den Widerstand. Die an ihm abfallende Spannung wird verstärkt und einem Lautsprecher oder einer Zählapparatur zugeführt.

Die typischen Knack-Geräusche eines Geiger-Müller-Zählers sind ein akustisches Zeichen dafür, dass radioaktive Strahlung in das Zählrohr eindringt.

Zählt man die Knack-Impulse während einer bestimmten Zeitdauer und bildet man aus der Impulszahl und der Zeit den Quo-

tienten, so erhält man die ***Impulsrate***. Auch wenn kein radioaktives Präparat in der Nähe ist, registriert man eine Impulsrate von etwa $\frac{30}{\text{min}}$ bis $\frac{100}{\text{min}}$. Dieser ***Nulleffekt*** stammt hauptsächlich vom radioaktiven Radongehalt der Luft.
Mit modernen Zählern (Halbleiter-Zähler, Szintillationszähler) lassen sich nicht nur Teilchen nachweisen, sondern auch ihre Energie bestimmen (auch bei der γ-Strahlung).

Maßgrößen in der Kernphysik und beim Strahlenschutz

- Ein Strahler ist umso stärker radioaktiv, je mehr Kerne in einer bestimmten Zeitspanne zerfallen. Der Quotient aus der Anzahl der Kernzerfälle und der Zeit ist ein Maß für die ***Aktivität***. Sie wird in der Einheit *Becquerel* gemessen, es ist $\frac{1}{\text{s}} = 1\,\text{Bq}$. Um die Gefährlichkeit radioaktiver Strahlung zu beurteilen, reicht jedoch die Messung der Aktivität nicht aus.
- Wenn radioaktive Strahlung in Materie eindringt und dort ionisiert, ist für jeden einzelnen Ionisationsvorgang Energie nötig. Die Energie, die 1 kg Materie durch Strahlung aufnimmt, ist ein Maß für die physikalische Wirkung der Strahlung. Den Quotienten aus der aufgenommenen Energie und der Masse bezeichnet man als ***Energiedosis***. Ihre Einheit heißt *Gray*, es ist $1\,\frac{\text{J}}{\text{kg}} = 1\,\text{Gy}$.
- Die Wirkung ionisierender Strahlung auf *lebende* Materie hängt nicht nur von der Energiedosis, sondern auch von der Strahlungsart ab. 1 Gy von α-Strahlung ist etwa 20-mal wirkungsvoller als die gleiche Energiedosis von β- oder γ-Strahlung. Als Maß für die biologische Wirkung gibt man deshalb eine ***Äquivalenzdosis*** an. Man erhält sie, wenn man die Energiedosis mit einem *Bewertungsfaktor* multipliziert. Die aus der Erfahrung gewonnenen Bewertungsfaktoren sind für α-Strahlung 20, für β-, γ- und Röntgenstrahlung 1, für Neutronen zwischen 2 und 10.

Zur Kennzeichnung einer Äquivalenzdosis hat man für die Energieaufnahme $1\,\frac{\text{J}}{\text{kg}}$ in biologischem Material die Einheit $1\,\text{Sv} = 1\,\frac{\text{J}}{\text{kg}}$

eingeführt; Äquivalenzdosen werden in Sievert angegeben. Die durchschnittliche Strahlenbelastung beträgt in der BRD etwa 4 mSv (Millisievert). Davon stammen etwa 2 mSv aus natürlichen Quellen und die andere Hälfte aus künstlichen Quellen (medizinische Anwendungen, Kernkraftwerke, Atombombenversuche, Tschernobyl-Folgen). Wer berufsbedingt mit Radioaktivität umgehen muss, hat eine höhere Belastung, die aber 50 mSv im Jahr nicht übersteigen darf. (Dieser Grenzwert soll demnächst auf 20 mSv verringert werden.)

Obwohl es für Schädigungen keine untere Grenze der Belastung gibt, hat man aus Unfällen Erfahrungswerte gesammelt und Mittelwerte gebildet.

Bei einer *kurzzeitigen* Belastung werden ab 200 mSv Veränderungen im Blutbild gefunden, ab 2000 mSv verlaufen 10 % der Erkrankungen tödlich, bei 4000 mSv sterben innerhalb von 5 Wochen 50 % der Bestrahlten, ab 6000 mSv ist keine Rettung mehr möglich.

Diese Übersicht enthält *nicht* die möglichen Spätfolgen einer hohen Strahlenbelastung wie Krebs und Schäden am Erbgut. Solche Erkrankungen können erst Generationen später zutage treten, wie man seit dem Atombombenabwurf auf Hiroshima weiß.

Teste dein Wissen!

Kapitel „Kernphysik“	O. K. ✓	Das muss ich noch mal lesen
Ich kann die elementaren Bausteine eines Atoms und seines Kerns benennen.		S. 138, 139
Ich kann die Begriffe *Isotop* und einem *Ion* erklären.		S. 139
Ich kann begründen, warum eine Kernspaltung nur bei Elementen mit großer Massenzahl gelingt.		S. 140, 141
Ich weiß, unter welchen Bedingungen eine Kettenreaktion ausgelöst werden kann.		S. 141, 142
Ich kann das Prinzip eines Kernkraftwerks erklären.		S. 143–145
Ich kann *Radioaktivität* erklären und die zwei verschiedenen Zerfallsarten von Atomkernen unterscheiden.		S. 146–149
Ich kann einige Besonderheiten des natürlichen Zerfalls von Atomkernen benennen und weiß, was man unter einer *Halbwertszeit* versteht.		S. 148, 149
Ich kann Gefahren im Umgang mit Strahlung aus dem Atomkern einige Schutz- und Vorsichtsmaßnahmen benennen.		S. 150
Ich kann die Maßgrößen der Kernphysik nennen.		S. 151–153

Größen und Formeln der Physik 10

Größe, Symbol, Gesetz	*Festlegung*	*Einheit (Kurzzeichen), Anmerkung*
Mechanik der festen Körper		
Länge s	Grundgröße	Meter (m)
Zeit t	Grundgröße	Sekunde (s)
Geschwindigkeit v	$v = \frac{\Delta s}{\Delta t}$	$1 \frac{m}{s}$
Beschleunigung a	$a = \frac{\Delta v}{\Delta t}$	$1 \frac{m}{s^2}$
Masse m	Grundgröße	Kilogramm (kg)
Dichte ϱ	$\varrho = \frac{m}{V}$	$1 \frac{g}{cm^3} = 1 \frac{kg}{dm^3}$; V: Volumen
Kraft F	9,81 N = Gewichtskraft auf 1 kg	Newton (N)
Ortsfaktor g	$g = \frac{F_G}{m}$	in Europa: $g = 9{,}81 \frac{N}{kg}$; F_G: Gewichtskraft
Federgesetz (Hooke'sches Gesetz)	$F = D \cdot s$	D: Federkonstante; s: Federdehnung
Hebelgesetz	$F_1 \cdot a_1 = F_2 \cdot a_2$	a_1, a_2: Hebelarme
Arbeit W	$W = F \cdot s$	Joule (J); 1 J = 1 N · 1 m
Leistung P	$P = \frac{W}{t} = F \cdot v$	Watt (W); $1\,W = 1 \frac{J}{s}$
Hubarbeit (= Höhenenergie) W	$W = m \cdot g \cdot h$	Joule (J); 1 J = 1 N · 1 m
Mechanik der Flüssigkeiten und der Gase		
Druck p	$p = \frac{F}{A}$	Pascal (Pa); $1\,Pa = 1 \frac{N}{m^2}$; 1 bar = 100 000 Pa; A: Flächeninhalt

Größe, Symbol, Gesetz	*Festlegung*	*Einheit (Kurzzeichen), Anmerkung*
Wärmelehre		
Temperatur ϑ	Grundgröße	Grad Celsius (1 °C); $1\,°C = \frac{1}{100}$ des Fundamentalabstands von Wasser
Temperaturdifferenzen $\Delta\vartheta$		Kelvin (K); 1 K = 1 °C
Gesetz v. Gay-Lussac	$\frac{V_1}{V_2} = \frac{T_1}{T_2}$	gültig nur für Gase
Gesetz v. Amontons	$\frac{p_1}{p_2} = \frac{T_1}{T_2}$	gültig nur für Gase
Akustik		
Frequenz f	$f = \frac{1}{T}$	Hertz (Hz); $1\,Hz = \frac{1}{s}$ T: Periodendauer
Optik		
Reflexionsgesetz	$\beta = \alpha$	α: Einfallswinkel β: Reflexionswinkel
Brechungsgesetz	$\frac{\sin\alpha}{\sin\beta} = n$	n: Brechzahl β: Brechungswinkel
Linsenformel	$\frac{1}{g} + \frac{1}{b} = \frac{1}{f}$	g, b, f: Gegenstand, Bild, Brennweite
Abbildungsmaßstab	$A = \frac{B}{G} = \frac{b}{g}$	B, G: Bild-, Gegenstandsgröße

Größe, Symbol, Gesetz	*Festlegung*	*Einheit (Kurzzeichen), Anmerkung*
Elektrizitätslehre		
Stromstärke I	Grundgröße	Ampere (A)
Ladung Q	$Q = I \cdot t$	Coulomb (C); $1\,\text{C} = 1\,\text{A} \cdot 1\,\text{s}$
Spannung U	$U = \frac{W}{Q} = \frac{P}{I}$	Volt (V); $1\,\text{V} = 1\,\frac{\text{J}}{\text{C}} = 1\,\frac{\text{W}}{\text{A}}$
Widerstand R	$R = \frac{U}{I}$	$1\,\Omega = 1\,\frac{\text{V}}{\text{A}}$
Ersatzwiderstand R_E	$R_E = R_1 + R_2 + R_3 + \ldots$	bei einer Reihenschaltung von Widerständen
	$\frac{1}{R_E} = \frac{1}{R_1} + \frac{1}{R_2} + \frac{1}{R_3} + \ldots$	bei einer Parallelschaltung von Widerständen
Widerstand eines Drahtes	$R = \varrho \cdot \frac{l}{A}$	ϱ: = spezifischer Widerstand in $\frac{\Omega \cdot \text{mm}^2}{\text{m}}$
Elektrische (= Arbeit) W	$W = Q \cdot U$	Joule (J); $3\,600\,000\,\text{J} = 1\,\text{kWh}$
Elektrische Leistung P	$P = U \cdot I = R \cdot I^2 = \frac{U^2}{\text{R}}$	Watt (W); $1\,\text{W} = 1\,\text{V} = 1\,\text{A}$
1. Kirchhoff'sches Gesetz	$I = I_1 + I_2 + I_3 + \ldots$	im verzweigten Stromkreis
2. Kirchhoff'sches Gesetz	$I_1 : I_2 = R_2 : R_1$	bei einer Stromverzweigungsschaltung
Transformatorgleichung	$U_2 : U_1 = I_1 : I_2 = N_2 : N_1$	N_1, N_2: Windungszahlen
Kernphysik		
Aktivität	Anzahl der Kernzerfälle je Zeiteinheit	Becquerel (Bq); $1\,\text{Bq} = \frac{1}{\text{s}}$
Energiedosis	von Materie aufgenommene Energie je kg	Gray (Gy); $1\,\text{Gy} = 1\,\frac{\text{J}}{\text{kg}}$

10

Stichwortverzeichnis